Jamel Nebhen

Amplificateur faible bruit adapté aux microsystèmes capteurs de gaz

Jamel Nebhen

Amplificateur faible bruit adapté aux microsystèmes capteurs de gaz

Presses Académiques Francophones

Impressum / Mentions légales

Bibliografische Information der Deutschen Nationalbibliothek: Die Deutsche Nationalbibliothek verzeichnet diese Publikation in der Deutschen Nationalbibliografie; detaillierte bibliografische Daten sind im Internet über http://dnb.d-nb.de abrufbar.
Alle in diesem Buch genannten Marken und Produktnamen unterliegen warenzeichen-, marken- oder patentrechtlichem Schutz bzw. sind Warenzeichen oder eingetragene Warenzeichen der jeweiligen Inhaber. Die Wiedergabe von Marken, Produktnamen, Gebrauchsnamen, Handelsnamen, Warenbezeichnungen u.s.w. in diesem Werk berechtigt auch ohne besondere Kennzeichnung nicht zu der Annahme, dass solche Namen im Sinne der Warenzeichen- und Markenschutzgesetzgebung als frei zu betrachten wären und daher von jedermann benutzt werden dürften.

Information bibliographique publiée par la Deutsche Nationalbibliothek: La Deutsche Nationalbibliothek inscrit cette publication à la Deutsche Nationalbibliografie; des données bibliographiques détaillées sont disponibles sur internet à l'adresse http://dnb.d-nb.de.
Toutes marques et noms de produits mentionnés dans ce livre demeurent sous la protection des marques, des marques déposées et des brevets, et sont des marques ou des marques déposées de leurs détenteurs respectifs. L'utilisation des marques, noms de produits, noms communs, noms commerciaux, descriptions de produits, etc, même sans qu'ils soient mentionnés de façon particulière dans ce livre ne signifie en aucune façon que ces noms peuvent être utilisés sans restriction à l'égard de la législation pour la protection des marques et des marques déposées et pourraient donc être utilisés par quiconque.

Coverbild / Photo de couverture: www.ingimage.com

Verlag / Editeur:
Presses Académiques Francophones
ist ein Imprint der / est une marque déposée de
AV Akademikerverlag GmbH & Co. KG
Heinrich-Böcking-Str. 6-8, 66121 Saarbrücken, Deutschland / Allemagne
Email: info@presses-academiques.com

Herstellung: siehe letzte Seite /
Impression: voir la dernière page
ISBN: 978-3-8381-7782-3

UNIVERSITE D'AIX-
MARSEILLE

Aix∗Marseille
université

UNIVERSITE DE SFAX
ÉCOLE NATIONALE
D'INGENIEURS DE SFAX

THESE

Présentée à

L'Université D'Aix-Marseille

En vue de l'obtention du

DOCTORAT

ECOLE DOCTORALE : **Mécanique, Physique, Micro et Nanoélectronique**
SPECIALITE : **Micro et Nanoélectronique**

Par

Jamel NEBHEN

Conception d'un amplificateur faible bruit adapté aux microsystèmes capteurs de gaz

Soutenu le 10 Décembre 2012, devant le jury composé de :

M.	**P. NOUET** Professeur (LIRMM)	Président
M.	**K. BESBES** Professeur (FSM)	Rapporteur
M.	**K. AGUIR** Professeur (IM2NP)	Directeur de Thèse
M.	**M. MASMOUDI** Professeur (ENIS)	Directeur de Thèse
M.	**J. MOUINE** Professeur (ENIT)	Examinateur
M.	**S. MEILLERE** Maitre de conférences (IM2NP)	Examinateur
M.	**J-L. SEGUIN** Professeur (IM2NP)	Invité

Remerciements

Ce manuscrit, rédigé en vue de l'obtention de Doctorat, constitue une synthèse de mes travaux de recherche effectués au Laboratoire Institut Matériaux Microélectronique et Nanosciences (IM2NP) et l'équipe Electronique Micro-technologie Communication (EMC). Dans ce cadre, je remercie les directeurs R. BOUCHAKOUR et M. MASMOUDI pour leur accueil et leur reconnaissance. Je tiens à remercier tous ceux qui ont contribué de près ou de loin à l'aboutissement de mes travaux.

Je tiens à remercier mes directeurs de thèse Khalifa AGUIR, professeur de l'université d'Aix-Marseille, Mohamed MASMOUDI, professeur de l'université de Sfax et Stéphane MEILLERE, maitre de conférences de l'université d'Aix-Marseille ainsi que tous les membres du jury de cette thèse qui ont bien voulu évaluer mon travail de recherche : Messieurs J-L. SEGUIN, professeur de l'université d'Aix-Marseille, P. NOUET, professeur de l'université de Montpellier 2, K. BESBES, professeur de l'université de Monastir et J. MOUINE, professeur de l'université de Tunis-Elmanar et tout particulièrement Messieurs Pascal NOUET et Kamel BESBES, pour avoir accepté d'être rapporteurs de ce travail.

Mes pensées les plus sincères vont en premier lieu à Khalifa AGUIR et Mohamed MASMOUDI. Ils ont su me faire partager ses passion, ses enthousiasme, ses dynamisme et ses rigueur scientifique, bref me donner goût à la recherche. J'aspire encore aujourd'hui à suivre cette rigueur scientifique qu'ils m'ont inculqué. Je tiens ensuite à remercier tout particulièrement Hervé BARTHELEMY, professeur de l'université d'Aix-Marseille, Stéphane MEILLERE et Jean-Luc SEGUIN, professeur de l'université d'Aix-Marseille, qui ont su m'aiguiller et être un guide précieux durant mes années de thèse. C'est tout naturellement que ce manuscrit leur est principalement dédié à tous les cinq.

J'exprime également toute ma gratitude envers les membres de mes deux laboratoires d'accueil et de ses différents services pour leur soutien, leur patience et le plaisir que j'ai eu à travailler avec eux. Je pense en particulier aux membres de l'équipe micro-capteurs et l'équipe CCI mais aussi à M. Alain COMBES.

Enfin, je termine avec un petit mot pour ma petite famille qui m'a toujours soutenu et encouragé : un grand merci affectueux à ma mère Yeza, mon père Mohamed, mon épouse Hanen, mes frères et sœurs Nouredine, Naima et Nadia pour supporter les exigences de mes activités professionnelles qui interfèrent souvent avec celles de ma vie privée.

A la mémoire de ma sœur Fatma et ma tante Hadhom…

Table des matières

Table des figures

Table des tableaux

Introduction générale

Les progrès réalisés dans le domaine de l'élaboration de nouveaux matériaux, l'appui des technologies de pointe de la microélectronique, ont largement contribué au développement de différents types de capteurs et de micro-capteurs de gaz. Les moyens utilisés, les concepts physiques mis en jeu pour permettre la détection ou l'analyse des espèces chimiques sont aujourd'hui très nombreux. Outre les capteurs piézo-électriques, les capteurs de gaz à base d'oxydes semi-conducteurs (SnO_2, WO_3, ZnO, TiO_2...) présentent un intérêt certain. En effet, leur méthode de détection par la variation de la conductivité électrique en fonction de la composition de l'atmosphère peut être très sensible. De plus, leur compatibilité avec des technologies de la microélectronique et leur faible coût de fabrication en font les candidats sérieux pour le développement de micro-capteurs de gaz. Cependant le manque de sélectivité constitue la grande limitation actuelle de ces dispositifs.

L'exploitation massive des techniques de la microélectronique permet de développer sur une puce de silicium de nouveaux capteurs de très faibles dimensions, et plusieurs capteurs sur un même circuit, et parfois même plusieurs capteurs de type différents, ce qui constitue un pas important vers la production de masse à coût réduit et la reproductibilité des caractéristiques d'un capteur à l'autre. En pratique, la réalisation d'un dispositif à la fois électronique et mécanique, en exploitant la Micro-technologie, ne s'est pas effectuée aisément. La micro-fabrication comme technologie de fabrication a été appliquée avec le plus de succès aux micro-capteurs, et en particulier aux micro-capteurs de gaz.

L'évolution de la nouvelle génération de micro-capteurs de gaz intégrés de haute performance basé sur le micro-usinage sur silicium s'est focalisée, jusqu'à maintenant, sur le besoin d'avoir une intégration sur un même substrat le capteur avec une électronique embarquée et dédiée au traitement de l'information du capteur. Cette électronique devra être à faible coût de fabrication et versatile, c'est pourquoi la technologie de fabrication des circuits intégrés CMOS sera retenue. Le faible coût s'ajoute au savoir-faire qui est assez avancé dans le cas des techniques de fabrication des circuits CMOS. Cette intégration permettra de miniaturiser le système, d'améliorer ses performances, et d'augmenter la sensibilité et en particulier la diminution du bruit, grâce à la réduction des capacités parasites dues aux interconnexions.

Le choix du capteur à intégrer a été fixé sur un micro-capteur de gaz qui devrait communiquer avec d'autres micro-capteurs similaires à travers un réseau local et dédiés à une gamme d'applications couvrant les réseaux de capteurs utilisés dans les systèmes d'alarme et de surveillance, la commande et le contrôle industriels, la mesure automatique et dans l'automatisation domestique.

L'IM2NP a développé, en collaboration avec le Laboratoire d'Analyses et d'Architectures des Systèmes de Toulouse (LAAS), des micro-capteurs et des multi-capteurs basés sur une structure intégrée en technologie silicium de type "micro hot plate". Les composants multi-capteurs avec quatre cellules et une couche mince sensible de WO_3 avec différents dopages permettront une détection sensible et sélective de différents gaz tel que l'ozone ou le NO_2, grâce à l'utilisation de méthodes d'analyse multi-variables. Ce type de capteur autorisera la réalisation de réseaux de capteurs sans fils pour la cartographie de la pollution par l'ozone, ce qui répond à un réel besoin pour la surveillance en temps réel de l'environnement.

Ce micro-capteur présente une impédance de sortie très élevée. De plus, le niveau du signal qu'il fournit est très faible, de l'ordre de quelques nano-ampères à quelques dizaines de microampères. Ces deux contraintes imposent, donc, d'avoir un premier étage de conditionnement du signal à très grande impédance d'entrée qui permettra d'amplifier un signal très faible sans dégrader le rapport signal sur bruit. L'objectif de cette thèse consiste à concevoir et tester cet amplificateur faible bruit pour interfacer le signal issu du micro-capteur avec le module RF à l'aide d'une technologie AMS CMOS 0.35µm standard opérant à une tension d'alimentation de ±1.5V.

La réduction de la tension d'alimentation a sans doute mené à minimiser la consommation de puissance des cellules numériques, car la consommation moyenne de courant des circuits numériques CMOS est proportionnelle au carré de la tension d'alimentation. Pour diminuer la puissance dissipée dans les circuits analogiques à basse tension d'alimentation, le circuit doit rester aussi simple que possible, tout en maintenant les bonnes spécifications du circuit.

La réduction de la tension d'alimentation a un impact énorme sur la dynamique d'un amplificateur: du côté le plus haut de la tension, la dynamique est réduite à cause de la diminution d'amplitude du signal d'entrée; du côté le plus bas de la tension, elle est réduite du fait du bruit élevé de la tension dû à un faible courant d'alimentation.

Pour maximiser la dynamique de sortie, l'amplificateur à basse tension d'alimentation doit fonctionner avec un signal de tension ayant une amplitude étendue d'une extrémité de la tension d'alimentation à l'autre. Ceci mène à réfléchir à d'autres structures d'amplificateur.

Les circuits classiques doivent être remplacés par de nouvelles configurations, plus adaptées aux basses tensions d'alimentation.

L'unité de gain en fréquence d'un amplificateur opérationnel est aussi grandement affectée par les conditions de basse tension d'alimentation et de faible consommation. Le faible courant d'alimentation va réduire dramatiquement la marge de phase lorsque la capacité de charge ne peut pas être réduite.

De plus, pour obtenir un gain à basse fréquence suffisant, l'amplificateur à faible tension d'alimentation nécessite souvent un étage de gain cascode, ce qui implique plus de structure de compensation en fréquence complexe. Dans un environnement à basse tension d'alimentation et à faible consommation, ces structures de compensation en fréquences doivent être efficaces du point de vue de la consommation de puissance.

Dans ce travail de thèse, nous présenterons une nouvelle structure d'une paire différentielle CMOS, adaptée aux basses tensions d'alimentation et aux faibles consommations ainsi qu'un gain nettement supérieur à celui d'une paire différentielle classique. Cette structure est basée sur la nouvelle technique des transistors composites. Cette structure est un brevet qui est en cours de traitement.

Ce travail de thèse traite de la modélisation, de la réalisation et de la caractérisation expérimentale des amplificateurs de mesure hautement sensible, entièrement intégrés en technologie CMOS et utilisant la technique de stabilisation par la chaine d'amplification Chopper. Ces amplificateurs présentent un élément primordial dans le circuit de l'interface, connecté à un capteur de gaz, compatible avec la technologie CMOS.

Les deux plus grandes difficultés rencontrées par une chaine d'acquisition de signaux très faible de capteur sont le bruit en 1/f à basse fréquence et la tension d'offset. Afin d'atteindre le niveau au-dessous d'un microvolt, il est possible d'utiliser la technique d'amplification Chopper, particulièrement appropriée pour répondre à ces exigences strictes.

Dans la première partie, nous présenterons l'état de l'art sur les capteurs de gaz à forte impédance. Nous exposerons les généralités sur les capteurs de gaz à base d'oxydes semi-conducteurs. Nous présenterons les principales caractéristiques d'un capteur de gaz. Ensuite, nous présenterons les interfaces intégrées de capteurs. A la fin de cette partie, nous présenterons les différentes sources de bruit dans le capteur de gaz ainsi que dans l'électronique associé.

Dans la deuxième partie, nous commencerons par présenter quelques techniques de réduction du bruit tel que le bruit en 1/f et la tension de décalage à savoir la technique Chopper et la technique Autozero. Un étage de pré-amplification très performant sera nécessaire car le

3

signal issu de notre capteur est très faible. La technique de stabilisation Chopper sera une architecture d'amplification possible pour notre capteur de gaz résistif. Nous présenterons un état de l'art sur les différentes architectures de la technique Chopper. Ensuite, nous présenterons les différents blocs de l'amplificateur Chopper. Enfin, nous décrirons l'architecture du circuit retenue.

Dans la troisième partie, et à travers l'exemple du capteur de gaz WO_3, nous présenterons des solutions électroniques pour des interfaces de capteurs résistifs. Dans un premier temps, nous introduirons un modèle comportemental de la chaine Chopper qui sera construite sous le logiciel SIMULINK® boîte à outils dans l'environnement MATLAB®. Le modèle que nous proposerons sera utilisé pour simuler le comportement pratique de la technique de stabilisation Chopper. Il sera utilisé pour vérifier nos analyses et notre cahier des charges. Dans un second temps, nous aborderons la réalisation des blocs électroniques prévus par l'architecture. Des simulations sous le logiciel *Cadence® Virtuoso®* permettront de valider chaque bloc. Il faut noter que nous porterons une attention particulière aux outils de simulation nécessaires pour valider l'électronique. Enfin, nous présenterons les résultats de simulation de toute la chaine d'amplification Chopper sous l'environnement *Cadence®*.

Finalement, la quatrième partie terminera ce travail de thèse en présentant la phase de dessin des masques du circuit de la chaine Chopper. Nous commencerons par la présentation des étapes nécessaires de génération du circuit, puis nous ferons une brève discussion sur les considérations de dessin des masques, tels que l'appariement des composants, la fiabilité des règles de conception, les parasites et les méthodes utilisées pour les prévenir. Suivant ces techniques, nous pourrons concevoir le dessin des masques de la chaine Chopper qui sera implémenté dans la technologie AMS CMOS 0.35µm. Nous présenterons l'ensemble des tests et des caractérisations effectués pour valider le bon fonctionnement du détecteur et qualifier ses performances.

Chapitre I :

Etat de l'art sur les capteurs de gaz à forte impédance

1. Introduction

Les microsystèmes sont nées à la fin des années 1980, ces technologies trouvent des applications dans de très nombreux secteurs d'applications: transports, santé, télécommunications, environnement, etc...

Aujourd'hui, les MEMS (Micro Electro-Mechanical Systems) sont des systèmes complexes multidisciplinaires qui donnent des solutions à plusieurs problèmes de fabrication, de portabilité et de rentabilité. Les objets les plus connus sont les micro-actionneurs, les accéléromètres et les capteurs de pression, ainsi que les capteurs de gaz [1].

Il existe une grande variété de techniques analytiques utilisables pour la détection et l'analyse d'environnement gazeux [2]. Certaines de ces techniques telles que la chromatographie et la spectroscopie à infrarouge sont utilisées pour une analyse complète et de haute précision du milieu gazeux étudié, mais elles nécessitent des dispositifs (analyseurs) coûteux et encombrants, ce qui limite grandement leur utilisation. D'autres techniques employées notamment dans des dispositifs de type capteurs, ont quant à elle l'avantage d'être de faible coût, et de fonctionner aussi bien de manière ponctuelle que continue (en temps réel).

En effet, les capteurs de gaz sont des composants critiques pour la détection et l'analyse dans différents domaines parmi lesquels nous pouvons citer :

- ✓ La sécurité en milieu domestique : détection de fuite de méthane ou de CO ....
- ✓ L'hygiène en milieu domestique : éthylotests, contrôle d'odeurs ...
- ✓ La sécurité en milieu industriel : détection de solvants, évaluation des risques d'explosions ....
- ✓ L'automatisation et le contrôle des procédés en milieu industriel : domaine de l'agroalimentaire, fours de cuissons ....
- ✓ Le suivi et le contrôle de la pollution atmosphérique en milieu urbain : détection de CO dans les parkings souterrains et tunnels .....
- ✓ Les applications automobiles : contrôle de la quantité de l'air dans l'habitacle, capteurs pour pots d'échappements ......

Les capteurs de gaz comportent deux principales parties comme présentées sur la figure 1.1 [3]:

- ➢ un substrat adapté à la technique de mesure (transduction). Le transducteur transforme la réponse de la réaction chimique entre le gaz à détecter et l'élément sensible en signal électrique mesurable.

> ➤ un matériau pour la détection d'espèces chimiques (ici une molécule de gaz). Il peut être de différente nature c'est-a-dire organique, inorganique, oxyde métallique... La détection du gaz entraîne une modification des propriétés physiques et/ou électriques du matériau (variation de conductivité, masse, permittivité, indice optique...).

L'interface désigne souvent l'élément qui assure la communication de l'information mesurée par le capteur à des éléments périphériques. Cependant, l'interface d'un capteur tend de plus en plus à être intégrée dans un seul et même boîtier, pour des raisons principalement liées à la miniaturisation et au coût. L'interface désigne toute l'électronique permettant d'utiliser le capteur. Une interface comprend alors typiquement: le conditionnement du signal, l'électronique permettant d'exciter le capteur, la conversion analogique-numérique, une interface numérique permettant de communiquer avec le capteur. A ceci, peuvent s'ajouter des fonctions utiles au bon fonctionnement du capteur : test, étalonnage et réparation.

2. Généralités sur les capteurs de gaz à forte impédance

L'idée d'utiliser des semi-conducteurs comme matériaux dédiés à la détection de gaz date de 1952 (5 ans après la découverte du transistor par Brattain et Bardeen, prix Nobel [4]).

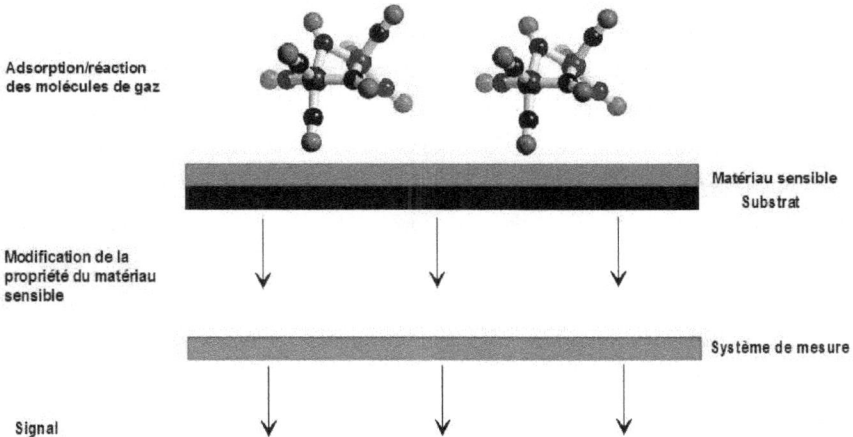

Figure 1. 1. *Principe du capteur chimique de gaz.*

Les premiers travaux portant sur du ZnO sont publiés à partir de 1954 [5][6][7]. En 1962, un premier brevet portant sur le principe d'un capteur à base de SnO_2 est déposé par Taguchi [8]. Les premiers capteurs de gaz à oxydes semi-conducteurs produits en masse sont commercialisés en 1968 sous l'appellation TGS (Taguchi Gas Sensors). La société Figaro Engineering Inc., qui commercialise ces capteurs depuis 1969, s'est assuré une notoriété avec 200 millions d'unités écoulées à ce jour [9].

Cependant, le marché du capteur de gaz est vaste et ne se limite pas aux TGS. Il s'est considérablement développé, un peu à l'image des recherches sur le sujet, qui sont de plus en plus nombreuses.

Les préoccupations actuelles de protection de l'environnement se focalisent sur la qualité de l'air dans l'industrie, les villes et foyers domestiques. Cette forte tendance à vouloir contrôler la pureté de l'air conduit à la création, notamment en Europe, de réseaux d'observations et de mesures des gaz polluants et nocifs les plus abondants dans l'atmosphère tels que le monoxyde de carbone CO, les oxydes d'azotes NOx, les hydrocarbures (comme le propane par exemple) ou encore l'ozone. Pour définir les taux de toxicité des gaz domestiques, de nouvelles normes européennes ont été créées telles que la norme EN50291 pour le gaz CO. Une étude récente initiée par l'Organisation Mondiale de la Santé (OMS) met en avant les coûts humains et économiques liés aux conséquences de la pollution atmosphérique, véritablement dramatiques, dans les pays européens. La pollution serait à l'origine de 6% de la mortalité annuelle dans des pays comme la France, l'Autriche ou la Suisse. On doit donc s'attendre à un durcissement draconien des normes européennes en matière de pollution atmosphérique et de la qualité de l'air aussi bien en extérieur qu'en intérieur (ateliers, pièces à vivre, habitacles). L'établissement au niveau européen d'une véritable politique de qualité de l'air est d'ailleurs en cours d'élaboration.

Pour répondre à ces futures régulations, il est nécessaire de développer des compétences au niveau de la détection des gaz dangereux pour la santé et l'environnement. On conçoit dès lors, que le marché de capteurs de gaz bas coût soit florissant et plein d'avenir. Les défauts des détecteurs de gaz actuels commercialisés tels que les systèmes basés sur la détection infrarouge, électrochimiques ou encore à photo-ionisation, sont leur consommation en puissance de l'ordre du Watt, leur prix de revient mais aussi la complexité de leur électronique associée. Aujourd'hui, nous pouvons trouver dans la littérature et dans le commerce divers équipements de détection de gaz qui utilisent des capteurs électrochimiques, des capteurs à base d'oxydes métalliques de type résistif, des capteurs catalytiques ou encore piézoélectriques ….

3. Différents types de capteurs de gaz

Un capteur est un dispositif qui transforme l'état d'une grandeur physique ou chimique observée (mesurande m) en une grandeur utilisable (signal s, le plus souvent électrique), tel que s=F(m). La transformation F se fait grâce à un corps d'épreuve sensible au mesurande qui assure une première traduction en une autre grandeur physique non électrique (mesurande secondaire). Grace à un transducteur, le mesurande secondaire est ensuite transformé en grandeur électrique (cf. figure 1.2) [10]. L'élément sensible est le cœur du capteur sur lequel se passe la réaction avec l'espèce gazeuse. Ainsi il existe différents capteurs de gaz basés sur de nombreux principes physiques ou chimiques. Le tableau 1.1 donne quelques exemples de ces principes [11].

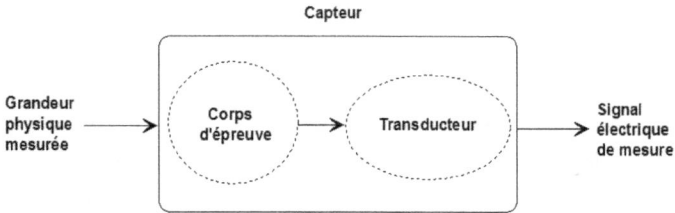

Figure 1. 2. *Schéma de principe d'un capteur.*

Tableau 1. 1. *Classification des capteurs de gaz selon leur principe de détection.*

Exemple du capteur	Principe	Grandeur mesurée
Cellule électrochimique	Potentiométrique	Tension
Cellule électrochimique	Ampérométrique	Courant
Capteur capacitif	Capacitance	Capacité /charge
Pellistor	Calorimétrique	Température
Capteur à microbalance	Gravimétrique	Masse
Capteur à ondes de surface	Résonance	Fréquence
Détecteur infrarouge	Optique	Pic d'absorption
Fibre optique	Fluorescence	Intensité lumineuse
Capteur MOX	Résistif	Résistance

Les capteurs de gaz à oxyde métalliques semi-conducteurs sont des capteurs dit « passif » : les variations sont mesurables en intégrant le capteur dans un circuit de conditionnement (généralement : montage potentiométrique, pont de Wheatstone…).

L'adsorption et la désorption de gaz induit dans la couche d'oxyde une variation de son impédance associée à des phénomènes d'oxydoréduction. Le plus souvent, celle-ci est simplement observée en mesurant la conductance (ou la résistance).

Les détecteurs à base d'oxyde métallique que nous l'appellerons capteurs MOX dans ce travail de thèse se sont développés. Ils présentent certains intérêts par rapport aux méthodes classiques. En effet, leur compatibilité avec la technologie de la microélectronique permet leur miniaturisation, ce qui entraine une réduction du coût, d'une part, et une faible puissance électrique consommée, d'autre part [12]. Les capteurs de gaz à oxydes métalliques ont la particularité d'être des capteurs ayant le corps d'épreuve confondu avec le transducteur [13].

La figure.1.3 décrit la structure d'un capteur de gaz à base d'oxyde métallique WO_3 développé conjointement entre le Laboratoire d'Analyses et d'Architectures de Systèmes (LAAS) de Toulouse et l'équipe Micro-capteurs de l'Institut Matériaux Microélectronique Nanosciences de Provence (IM2NP) de Marseille. Il est constitué d'une membrane bicouche en SiO_2/Si_XNi_Y. L'élément chauffant est une piste en platine Pt de 150nm d'épaisseur, avec une couche d'accroche en titane Ti de 10nm d'épaisseur [13].

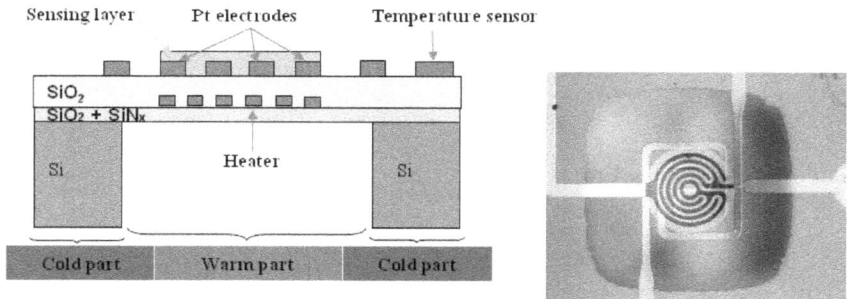

Figure 1. 3. *Vue en coupe du capteur de gaz WO_3 .*

4. Principales caractéristiques d'un capteur de gaz

Les performances d'un capteur de gaz se définissent souvent par la règle des «3S» (Sensibilité, Stabilité, Sélectivité). Les caractéristiques présentées ci-dessous sont utilisées pour évaluer les performances des capteurs de gaz [14].

4.1. Sensibilité

La sensibilité est un paramètre qui exprime la variation de la réponse du capteur en fonction de la variation du mesurande (concentration de gaz). Un capteur de gaz est dit sensible si une petite variation de concentration entraîne une importante variation du signal de sortie.

La définition générale de la sensibilité est donc :

$$S_i = \frac{\Delta R}{\Delta [C]_i} \tag{1.1}$$

Avec S_i, la sensibilité au gaz i, R la réponse du capteur (la sortie du capteur, résistance ou conductance, …) et $[C]_i$ la concentration du gaz i.

La réponse des capteurs de gaz est généralement fortement non linéaire, la sensibilité n'est donc pas constante. Pour pouvoir comparer les sensibilités de capteurs très différents, des calculs différentiels et relatifs sont utilisées comme « Réponse relative » :

Calcul différentiel relatif :

$$r_{relative} = \frac{R_{référence} - R_{gaz}}{R_{référence}} \quad ou \quad r_{relative} = \frac{R_{référence} - R_{gaz}}{R_{gaz}} \tag{1.2}$$

Calcul relatif :

$$r_{relative} = \frac{R_{gaz}}{R_{référence}} \quad ou \quad r_{relative} = \frac{R_{référence}}{R_{gaz}} \tag{1.3}$$

Avec $r_{relative}$: réponse relative du capteur.

$R_{référence}$ peut être la valeur de résistance sous ambiance neutre (en général l'air) ou bien à une valeur de concentration du gaz cible donnée.

R_{gaz} correspond à la valeur de la résistance sous une concentration du gaz donné.

Ces calculs relatifs donnent une image de la sensibilité au point de les confondre puisque bon nombres d'auteurs parlent de sensibilité avec la réponse relative.

4.2. Sélectivité

Elle est définie généralement comme le rapport de la sensibilité d'un capteur à un gaz sur la sensibilité à autre gaz pour des concentrations données. Un capteur est sélectif si sa sensibilité à un gaz est très peu affectée par la présence d'autres gaz (dits interférents). Actuellement, les capteurs à oxyde métallique souffrent d'un manque important de sélectivité et de nombreuses méthodes sont étudiées pour ce problème [15]. Au chapitre suivant, nous donnerons un aperçu des méthodes utilisées pour améliorer la sélectivité.

4.3. Stabilité

Ce paramètre est utilisé pour caractériser la dérive du signal du capteur dans le temps. Il existe un vieillissement du capteur, ce qui limite son utilisation à long terme. Différentes solutions sont proposées pour y remédier, notamment par un traitement préalable de la couche sensible. Une solution couramment rencontrée dans la littérature consiste en un dopage du matériau. Il faut rester très vigilant car bien souvent cela modifie la sensibilité et la sélectivité du matériau initial [16]. Un capteur stable est par définition réversible. La réversibilité est la capacité du matériau à revenir à son état initial après une excitation gazeuse. Lorsque cela n'est plus le cas, cela signifie que le capteur est empoisonné. La température est le principal facteur jouant sur la stabilité [13].

4.4. Réversibilité

Elle définit la capacité du capteur à revenir à son état initial lorsqu'on supprime l'excitation gazeuse. Dans ce cas, nous devons, dans toutes nos expériences, vérifier cette réversibilité car dans le cas contraire nous parlons d'empoisonnement du capteur.

4.5. Temps de réponse

Le temps de réponse est défini comme étant le temps nécessaire pour que la réponse du capteur atteigne 90% de son amplitude maximale lorsqu'il est exposé au gaz .Ce temps dépend de plusieurs paramètres tels que la température de fonctionnement du capteur et la cinétique de la réponse au gaz. Pour les micro-capteurs de gaz à base d'oxydes métalliques, le temps de réponse est relativement court, en particuliers avec des capteurs de couches minces constituées de grains de taille nanométrique. Ce temps est de l'ordre de quelques millisecondes pour l'oxygène [12].

4.6. Reproductibilité

La reproductibilité d'un capteur de gaz traduit sa capacité à produire la même réponse pour une même atmosphère gazeuse. Le système est reproductible s'il répond à un gaz de la même façon quels que soient le nombre de mesures et le temps entre les mesures. La reproductibilité comprend le temps de réponse (et de recouvrement) et surtout la sensibilité.

Par ailleurs, il existe la notion de reproductibilité technologique de capteur à capteur. Il s'agit de pouvoir fabriquer deux capteurs ayant les mêmes caractéristiques physiques et géométriques. Dans le cas d'intégration de couches sensibles, la notion de reproductibilité de ces couches est particulièrement importante et constitue même un verrou qui affecte intrinsèquement la reproductibilité de la réponse.

Chacune de ces performances est bien entendu plus ou moins prépondérante suivant les applications : une application (comme la qualité de l'air dans l'habitacle d'une voiture) privilégiera plutôt le temps de réponse et la reproductibilité plutôt que le seuil bas de détection) alors qu'une autre application (comme l'environnement ou la santé) sera plus regardante sur le seuil bas de détection). Dans ces deux cas, la miniaturisation du capteur n'est pas forcément une priorité contrairement à une application de textile instrumenté. Cela montre qu'il est quasi impossible de concevoir un capteur générique.

Outre les caractéristiques décrives précédemment, la puissance électrique consommée, l'encombrement et le coût du capteur jouent aussi un rôle important. Ces performances sont plus facilement maîtrisables avec les technologies de la microélectronique.

5. Les principales technologies de capteurs de Gaz

Plusieurs principes de transduction sont aujourd'hui exploités commercialement pour détecter un gaz. Actuellement, les mesures de concentrations de gaz (analyseurs de gaz) sont généralement réalisées à l'aide de stations de mesure basées sur des principes physiques tels que la spectrométrie de masse, la spectrophotométrie d'absorption Ultraviolet ou Infrarouge ou encore la chromatographie. Ces systèmes sont très performants mais aussi très volumineux et très couteux ce qui réduit leur utilisation à l'analyse d'échantillons de gaz prélevés du milieu réel. La mesure dite « temps réel » a donc suscité de nombreux développements de capteurs basés sur différents principes. Le Tableau 1.2 résume une comparaison des principales caractéristiques des sept familles de capteurs de gaz les plus répandus. Nous pouvons citer par exemple, les capteurs basés sur l'absorption infrarouge qui sont les plus utilisés dans les systèmes de sécurité et pour des analyseurs de gaz haute précision. Malheureusement, ces dispositifs restent encore aujourd'hui, bien que miniaturisés, encombrants, gourmands en énergie et onéreux. Par ailleurs, il y a les capteurs basés sur la variation de conductivité d'un semi-conducteur, très répandus dans les applications automobiles et grand public pour leur faible coût et leurs performances acceptables pour des détecteurs « simples ».

D'après ce tableau simplifié, nous pouvons d'ores et déjà constater que d'une part, il n'y a pas de technologie « révolutionnaire » avec toutes les caractéristiques positives, et d'autre part que certaines caractéristiques comme la sélectivité, la stabilité, la consommation d'énergie et le coût, sont des verrous pour la plupart des technologies.

Malgré leur manque de sélectivité, et de stabilité à long terme, les capteurs de gaz à semi-conducteur, commercialisés depuis 1968 et très répandus, présentent beaucoup d'avantages (prix, portabilité, sensibilité, temps de réponse, …). Ce sont surtout les applications nécessitant un système miniature, intégré et bas coût qui présentent un intérêt important pour leur développement.

Pour ces mêmes avantages, ces capteurs de gaz semi-conducteurs font l'objet d'une attention particulière aussi bien en recherche qu'au niveau industriel. Cependant, certains points bloquant restent problématiques (comme la sélectivité) et empêchent d'atteindre les performances souhaitées avec ces systèmes. C'est ce qui génère autant d'enthousiasme depuis plusieurs décennies dans les laboratoires de recherche pour tenter de développer un nouveau capteur toujours plus performant en restant miniature et peu cher [3].

Tableau 1. 2. *Comparaison des performances de différents types de capteurs de gaz* [17].

Principales caractéristiques	Familles de capteurs de gaz						
	Semi conducteur (MOX, FET)	Combustion catalytique (Pellistors CC)	Piézoéléct. (SAW,BAW, QMB)	Electro chimique	Conduct. Thermique (Pellistors CT)	Absorption infrarouge (IR, NDIR)	Photo ionisation (PID)
Sensibilité	+	+	+	+	-	+	+
Précision	+	+	+	+	+	+	+
Sélectivité				+	-	+	-
Temps de réponse	+	+	+	-	+	-	+
Stabilité	-	-	+	-	-	+	+
Robustesse	+	+	-	--	+	+	+
Consommation énergie	+	-	-	-	-	-	-
cout	+	+	-	+	+	-	-
Intégrabilité (pour un système portable)	+	+	+	-	+	-	+

6. Les Capteurs à Oxydes métalliques

Les capteurs de gaz à oxydes métalliques sont des capteurs passifs dont les variations ne sont mesurables qu'en intégrant le capteur dans un circuit de conditionnement (montage potentiométrique, pont de Wheatstone, ...). La variation du milieu ambiant (ou de la concentration d'un gaz) induit une variation de conductivité du matériau sensible à base d'oxydes métalliques semi-conducteurs. Si l'idée d'utiliser les oxydes métalliques dans la détection de gaz date de 1953 [18], il a fallu attendre 1962 pour voir la mise en œuvre de dispositifs de détection (brevetés) basés sur le dioxyde d'étain (SnO_2) avec les travaux de Taguchi [19]; suivi d'une production en masse pour la commercialisation dès 1968 par la société Figaro Engineering Inc. Depuis, de très nombreux travaux de recherches ont été réalisés et le sont encore à ce jour pour développer ces capteurs.

Tableau 1. 3. *Principales réalisations industrielles des capteurs à semi-conducteur* [20].

Applications	Gammes de concentrations	sociétés	domaines
Gaz combustibles	0 à LIE[1] (5%vol. pour CH_4)	Figaro, Capteur	**Industrie**
Gaz toxiques	NH_3 : 0 à 100ppm vol. H_2S : 0 à 100ppm vol.	Figaro, Capteur, UST	**Environnement, Industrie**
Monoxide de Carbon (CO)	0 à 1% vol. ou 0 à 1000ppm vol.	Figaro, Microsens, Capteur	**Industrie, Automobile, Environnement, Habitat**
Contrôle de combustion		Sochinor, Steinel	**Industrie**
Incendie et protection électrique		Sochinor	**Industrie**
NO_X dans les combustions	0 à 100ppm vol.	UST, Sochinor	**Environnement, Automobile**
Ozone dans l'air ambiant	0 à 1ppm vol.	Capteur, UST, Steinel, MiCS, Sochinor	**Environnement**
Ethanol	0 à 10 000ppm vol.	MiCS, Capteur, Figaro, Sochinor	**Industrie**
Détection d'oxygène	0 à 5% vol.	Steinel, Sochinor	**Industrie, Médical**
[1]LIE : Limite Inférieure d'Exploitation			

Le Tableau 1.3 référence les principales applications des capteurs de gaz à base de semi-conducteurs, avec quelques constructeurs et les domaines concernés. Il y a beaucoup d'utilisations possibles, de domaines concernés et les sociétés sont de plus en plus nombreuses compte tenu du fort engouement pour la détection, le contrôle et la mesure des gaz environnants.

6.1. Principe de détection [21-33]

Dans les capteurs de gaz à semi-conducteurs, l'information chimique est traduite à travers la structure électronique du matériau et de ses surfaces en des caractéristiques électriques mesurables, comme le changement de conductivité. En effet, pour qu'elles soient mesurables, les interactions, essentiellement de type chimisorption, sont principalement des réactions d'oxydoréduction qui font intervenir des échanges d'électrons entre le gaz et le matériau sensible [3].

La chimisorption a généralement lieu sur des endroits précis de la surface appelés « sites d'adsorption » [23]. Ce sont des points de la surface où une molécule peut se « fixer » dans les conditions thermodynamiques favorables. Ces sites correspondent aux atomes présents dans le plan de la surface. Pour la surface du SnO_2, les sites d'adsorption sont des atomes soit d'étain, soit d'oxygène, soit des lacunes d'oxygène.

Suivant la molécule gazeuse et le site d'adsorption, les mécanismes et les probabilités de réaction sont différents. Par exemple, d'après la littérature, une molécule de CO réagira préférentiellement avec une molécule d'oxygène adsorbée. Le dioxygène adsorbé viendra prioritairement combler les lacunes de surface [24-27].

Dans le cas des oxydes métalliques, la présence d'oxygène est obligatoire pour que le gaz cible puisse réagir. Les gaz réagissent préférentiellement avec les oxygènes chimisorbés et rarement avec le matériau directement [21-31]. Les sites métalliques ne sont que des intermédiaires de réaction avec les espèces oxygénées. L'oxygène est donc le précurseur de la réaction de détection. Il peut exister sous plusieurs formes (et avec différentes réactivités) à la surface de la couche sensible, suivant la température de fonctionnement. Pour le cas du SnO_2 [28], les espèces principalement présentes en surface sont $O^-_{2\,ads}$ et O^-_{ads} (sous air) et HO^- (en présence d'humidité). Leur adsorption est le mécanisme précurseur des réactions catalytiques de surface. L'évolution de ces espèces à la surface du SnO_2 peut se résumer par la figure 1.4 [32].

Cette répartition des espèces oxygénées est dans une configuration stable. L'espèce la plus stable est O^-_2, associée aux atomes d'oxygène du réseau [28]. Les principaux facteurs agissant sur la répartition de ces espèces sur la couche sensible sont la température de la surface, les concentrations de O_2 et H_2O (relatif au nombre de molécules en contact avec la surface) et le flux gazeux en surface (relatif au nombre de collisions gaz/surface).

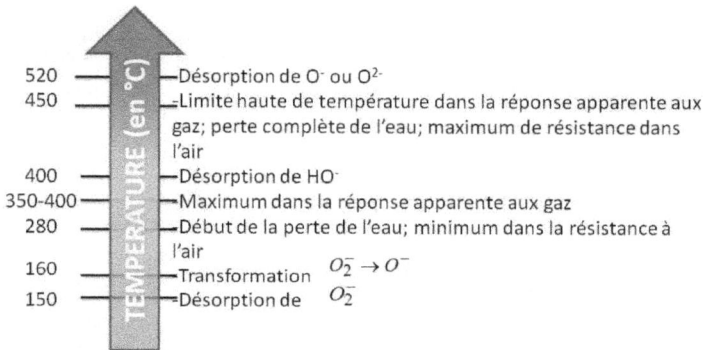

Figure 1. 4. *Températures des changements physiques dans le SNO$_2$ [3].*

L'existence d'une espèce oxygénée en surface de la couche sensible dépend fortement de l'énergie fournie c'est-à-dire de la température de fonctionnement du capteur et de ces variations. En d'autres termes, la sensibilité au gaz est fonction de l'état de surface d'une part et de la température de la couche sensible d'autre part [3].

Lors de changements de température, il y a des effets dus à la cinétique chimique des réactions de surface, ce qui peut être exploité pour la détection. Enfin, la morphologie du matériau joue un rôle très important sur la transduction globale; elle définit la surface spécifique et les propriétés de transport à l'intérieur du matériau. En effet, la sensibilité et la sélectivité aux gaz dépendent de la structure du matériau sensible, qu'il soit compact, poreux ou encore nano-structurés [29-33].

6.2. Structures existantes

Comme nous l'avons vu, pour favoriser les phénomènes d'adsorption et les échanges d'électrons entre le gaz et le matériau sensible (oxyde métallique), il est nécessaire de chauffer la surface à des températures élevées (entre 300 et 500°C). Les capteurs de gaz à base d'oxydes métalliques sont donc composés de :

• Une couche sensible, constituant la partie qui va interagir avec l'ambiance gazeuse.

• Des électrodes pour la mesure électrique de cette couche sensible.

• Une partie chauffante pour amener la couche sensible en température. Cette partie doit bien entendu être isolée électriquement des électrodes de mesure.

Le schéma fonctionnel du capteur est rappelé sur la figure 1.5. Seulement quatre éléments technologiques sont nécessaires : les trois parties décrites, plus une couche isolante.

Ce schéma traduit la simplicité du concept de ces systèmes et donc leur caractéristique « bas coût ». Il est à noter que l'ensemble résistance chauffante/électrodes de mesure est appelé plateforme chauffante (« microhotplate » dans la littérature).

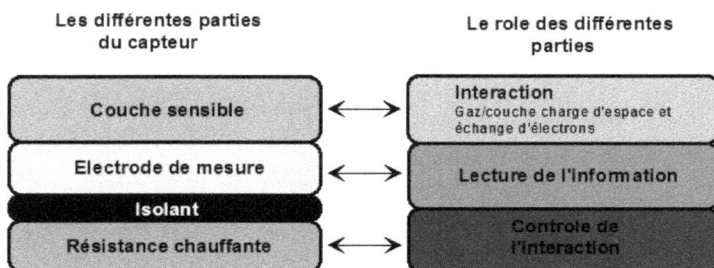

Figure 1. 5. *Schéma fonctionnel d'un capteur de gaz semi-conducteur [3].*

6.2.1. Electrodes [34-43]

Les électrodes permettent d'établir un contact électrique avec la couche sensible afin de mesurer sa conductivité (ou sa résistivité). Elles permettent la conduction des charges du matériau vers le circuit qui récupère le signal. Les électrodes sont dites optimales si elles établissent un bon contact ohmique avec la couche sensible et si elles favorisent le transfert du maximum de charges du matériau vers le circuit. Les paramètres qui entrent en jeu dans leur conception sont la géométrie et le matériau utilisé compte tenu du fait qu'elles doivent supporter les hautes températures.

6.2.2. Matériau pour les électrodes

Les matériaux recherchés doivent être de bons conducteurs et rester stables au cours du temps et surtout en fonction de la température de fonctionnement très élevée. L'optimisation du contact électrode/couche sensible au niveau de la réponse (en termes de résistance, capacité, …) entraîne l'utilisation de contacts purement métalliques [37]. Les choix se portent sur des métaux comme l'Aluminium (Al, simple), l'Or (Au, noble), le Platine (Pt, noble), le

Tungstène (W, réfractaire), le Tantale (Ta, noble) ou le Chrome (Cr, noble). Ces électrodes peuvent être une superposition de ces matériaux pour obtenir les caractéristiques visées.

Il a été démontré que les électrodes en Platine étaient les plus adaptées pour un capteur de gaz avec une couche en SnO_2 [38], ce qui en fait le matériau le plus utilisé de nos jours. En effet, généralement associé à une « couche d'accroche » en Titane, le Platine voit ses caractéristiques très stables en températures et dans le temps (il ne s'oxyde pas en dessous de 650°C). Il permet également de jouer un effet catalyseur pour certains gaz comme le CO.

En revanche, pour la détection de gaz oxydants, il a été montré que l'ajout d'une couche d'or améliorait les performances [39].

6.2.3. Géométrie des électrodes

La géométrie des électrodes détermine les lignes de courant (les chemins possibles pour les porteurs) dans le matériau. Les paramètres de conception sont la surface, la forme, l'espacement inter-électrode et la position. A partir des études existantes sur la simulation numérique de la forme et de la position des électrodes sur la réponse d'un capteur de gaz [40], nous constatons que la géométrie des électrodes a une influence sur la sensibilité et la sélectivité du capteur. Un mauvais choix d'électrodes peut aboutir à un mauvais capteur même si le matériau sensible est bien adapté. De même, plus la surface de contact électrode/couche sensible est grande, plus la résistance mesurée est faible (ce qui est intéressant pour les matériaux à forte résistivité) [3].

Il existe plusieurs géométries adaptées pour des mesures à deux électrodes (mesure en deux points parallèles, perpendiculaires, contacts inter-digités, …), des mesures quatre points, les lignes à transmission ou encore le micro contact.

Il existe dans la littérature des systèmes plus complexes multi-électrodes [41-43], de différentes tailles, formes et espacements. Il est alors possible de relever plus d'informations en comparaison avec les configurations précédentes. Williams et Pratt affirment qu'un capteur à électrodes multiples est un système équivalent à un multi-capteur [43].

6.3. Elément Chauffant

L'élément chauffant est d'une grande importance pour nos capteurs. Il va permettre de porter la couche sensible à des très hautes températures (500°C, 600°C) ce qui, suivant la nature de la couche et du gaz à détecter, permettra la réaction optimale entre le gaz et la surface. Là encore, le choix du matériau est primordial pour supporter ces températures sans être dégradé.

Les principales caractéristiques de la conception de la résistance chauffante sont tout d'abord la possibilité de monter à des températures suffisamment hautes pour l'adsorption des molécules mais aussi leur désorption pour rendre le capteur réversible. Plus la plage de température sera élevée et plus le nombre d'espèces adsorbées et désorbées sera important. La température maximale de chauffage dépend beaucoup du matériau utilisé.

Les capteurs commerciaux ont pour la plupart des résistances chauffantes en poly-silicium ou en platine. Le poly-silicium est facile à intégrer, avec une valeur de résistance ajustable par dopage, mais ses propriétés dérivent dans le temps. Sa valeur de résistance se modifie petit à petit et la température fournie par l'élément chauffant diffère avec le temps [44]. Pour le faire fonctionner dans des conditions de températures identiques, il faut alors compenser ces défauts par un étalonnage régulier ou encore faire une régulation en puissance, ce qui accélère dans les deux cas le vieillissement de la résistance chauffante. Par ailleurs, les capteurs en poly-silicium ont une température limite de fonctionnement de 450°C.

L'utilisation de métaux comme le platine (ou Mo, Ti, Cr, TiN, …) permet d'atteindre des températures beaucoup plus élevées (600°C ou plus) et offre une meilleure stabilité des performances (moins de dérive dans le temps) [3].

6.4. Couche Sensible

S'il existe plusieurs types de matériaux pour la détection de gaz (polymères, semi-conducteurs élémentaires, organiques, …), les oxydes métalliques sont à l'heure actuelle ceux qui font l'objet de plus d'attention car ce sont le plus souvent des matériaux ioniques permettant une grande sensibilité gazeuse. Par ailleurs, grâce aux nouvelles techniques de synthèse, il est possible d'obtenir un bon contrôle structurel (nano-structuré) avec une grande porosité, ce qui permet d'avoir une grande surface d'échange avec le gaz. Ces mêmes matériaux, qui peuvent être utilisés aussi bien comme couches de détection que comme couche filtrante, seront détaillés dans le paragraphe suivant [3].

7. Les interfaces intégrées de capteurs

L'interface désigne souvent l'élément qui assure la communication de l'information mesurée par le capteur à des éléments périphériques. Dans ce chapitre, le terme interface désigne toute l'électronique permettant d'utiliser le capteur. Une interface comprend alors typiquement : le conditionnement du signal, l'électronique permettant d'exciter le capteur, la conversion analogique-numérique, une interface numérique permettant de communiquer sur un bus de capteur. A ceci, peuvent s'ajouter des fonctions utiles au bon fonctionnement du capteur : test, étalonnage et réparation.

Historiquement, les interfaces de capteurs ont d'abord été réalisées à l'aide de composants électroniques discrets. Aujourd'hui, l'interface d'un capteur tend de plus en plus à être intégrée dans un seul et même boîtier, pour des raisons principalement liées à la miniaturisation et au coût. Plusieurs solutions sont envisageables en fonction des performances souhaitées pour le capteur. Parmi celles qui sont commercialisées à l'heure actuelle, nous pouvons citer : les FPGAs (« Field Programmable Gate Array »), les FPAAs (« Field Programmable Analog Array »), les ASICs dédiés à un capteur (« Application Specific Integrated Circuit »), les DSP (« Digital Signal Processing ») et les SoCs (« System On Chip »). Dans la suite de ce chapitre, nous verrons les avantages et les inconvénients principaux de chacune des solutions. Tout particulièrement, les performances, le coût et le temps de développement seront discutés.

7.1. Les FPGAs

Les FPGAs (Field-Programmable Gate Array) font partie de la famille de composants programmables électriquement. A l'origine basés sur un réseau de matrices de portes élémentaires ET et OU (Program Array Logic ou PAL), ces circuits programmables sont devenus au milieu des années 90 des circuits plus complexes grâce à l'intégration de ressources spécifiques dédiées, associées à de la mémoire interne et à des entrées/sorties flexibles [45][46].

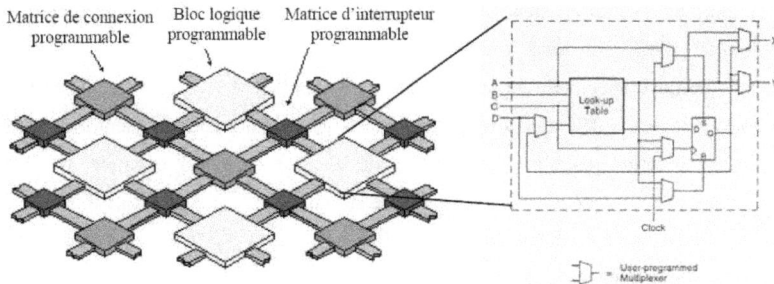

Figure 1. 6. *Principe de l'architecture d'un circuit FPGA* [47].

Un FPGA est un circuit dont l'architecture correspond à une matrice de portes logiques séparées par des réseaux d'interconnexion (figure 1.6). Ils existent deux types de FPGA : les non reprogrammables (technologie de type anti-fusible) et les reprogrammables (technologies de type SRAM « Static Random-Access Memory » ou Flash).

Le FPGA offre une souplesse de conception grâce à sa facilité d'utilisation et sa facilité de programmation (et reprogrammation). Contrairement à un circuit ASIC (Application-Specific Integrated Circuit), pour lequel le concepteur maîtrise totalement le placement routage au niveau transistor, le FPGA n'autorise pas cette opération qui s'effectue de manière transparente pour le développeur. Pour une application visant la mise sur le marché d'une forte qualité des produits, le circuit spécifique est la solution faible coût. Par contre, dans le cas d'un développement ponctuel, le FPGA est nettement plus avantageux. C'est pourquoi ce composant est plus adapté pour la mise au point de prototypes et accessible à un plus grand nombre d'utilisateur que l'ASIC.

7.2. Les FPAAs

Les FPAAs (Field Programmable Analog Arrays) sont les équivalents analogiques des solutions numériques FPGA. Ils sont disponibles commercialement depuis 1994. Ces circuits sont composés d'un réseau d'éléments de base interconnectés de façon programmable. Ces cellules élémentaires dépendent de la technique utilisée : temps continu, capacités commutées, convoyeur de courant ou courant commuté. Par exemple, pour la première technique, ce sont des amplificateurs opérationnels (AOP), des résistances et des capacités.

Les avantages des FPAAs sont :

• Les FPAAs sont configurables et donc flexibles.

• Par rapport aux solutions génériques, plus de fonctions spécifiques aux capteurs sont envisageables : filtrage du signal, élimination d'offset etc...

• Le temps de développement est plus faible que celui d'un ASIC. En effet, les fabricants proposent des logiciels de conception permettant de générer automatiquement certains blocs depuis la spécification jusqu'à la réalisation sur le composant. Par exemple, les filtres à capacités commutées se prêtent bien à la synthèse automatique.

Il faut cependant noter certaines limites. La flexibilité n'est pas totale puisque toutes les structures ne sont pas envisageables. En effet, toutes les cellules élémentaires ne peuvent pas être connectées librement entre elles parce que le nombre d'interconnexions dans le FPAA serait trop grand. De plus ils sont assez limités en fréquence et en linéarité (dû aux interrupteurs d'interconnections) [48]. Enfin, les FPAAs commercialisés ne proposent actuellement pas d'intégrer les fonctions de traitement numérique.

7.3. Les ASICs

Un ASIC est un circuit intégré à application spécifique. Il est classé en deux catégories :
Le circuit semi-spécifique ou pré-diffusé (certaines étapes ont été faites avant la conception de fabrication) et le circuit spécifique ou pré-caractérisés (toutes les étapes de fabrication seront réalisées après la conception).

Pour les ASICs pré-diffusés, avant même la conception, l'utilisateur fixe le nombre de portes et de plots d'entrée/sortie. Les réseaux de transistors sont alors programmés et interconnectés par l'utilisateur et les dernières étapes de fabrication sont effectuées par le fondeur. Ce type de circuit se caractérise par une forte densité d'intégration, mais n'a aucune flexibilité car sa topologie est fixée avant la conception.

Les ASICs pré-caractérisés ont été beaucoup développés dans les années 90 lors de la phase « placement / routage sur site » qui a vu l'évolution des outils de synthèse. Ces circuits sont conçus à partir de cellules prédéfinies dans une bibliothèque propre à chaque fabricant et chaque technologie. Les concepteurs utilisent des éléments de la bibliothèque constructeur ce qui permet aux fondeurs d'automatiser l'étape finale de synthèse logique. L'existence de ces bibliothèques permet un gain de temps conséquent grâce à la notion de réutilisation.

La réalisation d'une interface ASIC dédiée au capteur est la plus avantageuse en termes de coût de fabrication lorsque les volumes de production sont très grands. Les autres avantages sont :

• La surface de silicium, la consommation, la résolution, la bande passante et d'autres performances peuvent être optimisées au mieux en fonction d'un cahier des charges. Notons que la surface de silicium est plus qu'un critère de coût, c'est aussi un critère de miniaturisation.

• L'électronique peut être adaptée afin de prendre en compte les spécificités des capteurs. Par exemple, les défauts d'offset ou de non linéarité du capteur peuvent être corrigés pour améliorer ses performances.

L'interface ASIC est souvent vendue avec le capteur. Le fabriquant propose alors un composant qui est appelé « capteur intelligent ». L'interface peut être vue comme une valeur ajoutée au capteur. Pour des raisons de miniaturisation et de commodité, le système peut être intégré dans le même boîtier avec une technologie soit hybride (deux puces), soit monolithique (une seule puce). La première a l'avantage de pouvoir associer deux technologies différentes. Elles sont indépendantes et gardent un aspect modulaire. La seconde solution est plus miniature et permet de réduire les coûts de fabrication. Elle a aussi les avantages en termes de performance du capteur intelligent :

• L'électronique peut être rapprochée du capteur pour améliorer sa résolution. En particulier l'amplification et la conversion analogique-numérique permettent, au plus tôt, de transformer le signal en un signal insensible au bruit.

• La température ou d'autres paramètres physiques extérieurs peuvent être mesurés au plus près du capteur. La mesure peut alors être compensée au mieux.

• Les capacités parasites sont moins grandes. C'est un avantage qui peut être important dans le cas d'une détection capacitive.

7.4. Les DSPs

Un DSP (Digital Signal Processor) est un type particulier de microprocesseur, équivalent à un circuit intégré programmable en langage C ou assembleur. Il comporte essentiellement des unités arithmétiques dédiées et optimisées pour des calculs rapides. Ces fonctions sont destinées à le rendre particulièrement performant dans le domaine du traitement numérique du signal. Comme un microprocesseur classique, un DSP est mis en œuvre en lui associant de la mémoire (RAM : Read-Access Memory, ROM : Read-Only Memory) et des périphériques. Un DSP typique a plutôt vocation à servir dans des systèmes de traitements autonomes. Il se présente donc généralement sous la forme d'un microcontrôleur intégrant, selon les marques et les gammes des constructeurs, de la mémoire, des timers, des ports-série synchrones rapides, des contrôleurs DMA (Direct-Memory Access), des ports d'E/S divers. Ces dernières années, les techniques à base de processeurs de traitement du signal ont été largement employées pour la conception d'émetteurs-récepteurs de communications évoluées, trouvant leur champ d'application dans la détection, l'égalisation, la démodulation, les synthétiseurs de fréquence.

7.5. Les SoCs

D'après Gartner Dataquest (Société d'étude de marché) [49] un SoC est défini comme un composant d'au moins cent milles portes et comprenant un noyau programmable (processeur ou DSP) et de la mémoire (de type RAM et/ou ROM).

Plus concrètement, la tendance actuelle est d'intégrer sur une même puce de silicium aussi bien des fonctions numériques que des fonctions logicielles (processeur, interfaçage ...). La figure 1.7 illustre les possibilités d'intégration en terme de fonction d'une carte mère d'un ordinateur personnel sur une seule puce, sur laquelle nous voyons cohabiter le microprocesseur, les mémoires avec les fonctions classiques associées.

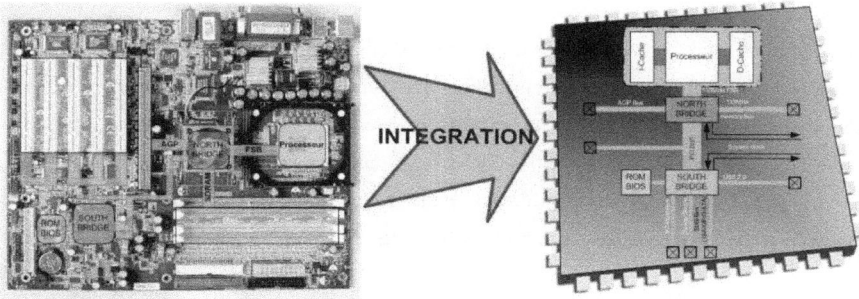

Figure 1. 7. *Intégration d'une carte électronique (exemple de fonction de carte mère).*

Le composant virtuel (l'autre nom donné au SoC) est souvent commercialisé par des sociétés spécialisées qui fournissent les blocs IP pouvant être sous forme matérielle (masque par exemple) ou sous forme logicielle (modèle VHDL). Des prévisions d'évolution, de ce type de technologie, faites par l'ITRS (Institut Régional du Travail Social) [49] prévoient l'augmentation du nombre de transistors par un facteur 50. On pourrait atteindre en 2020 le nombre de 40 milliards de transistors sur un même SoC.

Les principaux avantages de ce type de composant sont sa capacité d'intégration, la conception d'une plateforme commune entre le milieu logiciel et le milieu matériel et sa consommation réduite. C'est pourquoi de nombreuses études portent sur la co-simulation et son implémentation en SoCs.

8. Sources de bruit dans le capteur de gaz

Les oxydes métalliques jouent un rôle de plus en plus important dans la fabrication des dispositifs électroniques, en particulier les capteurs. La source de bruit la plus connue dans ces matériaux est associée aux lacunes d'oxygène et à la variation de leurs densités liées à l'adsorption-désorption des gaz. En effet, le transport de charge électronique dans ces matériaux est fortement relié à la présence ou à l'absence d'oxygène dans un site lacunaire de l'oxyde métallique. Par conséquent, une petite fluctuation de la densité d'oxygène peut générer une importante fluctuation de la conductance électrique. Ainsi, le bruit dans les oxydes métalliques dépend fortement de la stœchiométrie en oxygène et de ses déplacements. D'autre part, les couches d'oxydes métalliques sont généralement formées par des grains dont les joints sont d'importantes sources de bruits [50].

L'origine exacte des fluctuations de résistance dues à l'environnement chimique n'est pas actuellement clairement établie. Elle peut être certainement associée aux fluctuations de la densité et de la mobilité des porteurs libres dues aux fluctuations de concentration et à la diffusion des espèces chimiques provenant de l'environnement chimique. Les principales sources de bruit qui sont liées à l'environnement chimique sont l'adsorption-désorption (A-D) des molécules de gaz, la diffusion des molécules adsorbées sur la surface d'adsorption et le bruit de grenaille du courant traversant les barrières de potentiel aux joints de grain dans la couche sensible.

Vue la sensibilité de leur conductance aux effets des gaz, les oxydes métalliques sont connus par leur utilisation comme capteur de gaz. La présence d'un gaz oxydant permet d'augmenter la quantité d'oxygène adsorbée. La présence d'un gaz réducteur produit une diminution de la quantité de l'oxygène adsorbée. La fluctuation de la concentration du gaz adsorbé entraine une fluctuation de la conductance électrique. Dans les capteurs de gaz à base d'oxydes métalliques, le matériau sensible est un oxyde semi-conducteur (SnO_2, WO_3...). Le bruit généré dans ces dispositifs peut résulter alors de la superposition de plusieurs sources de fluctuations. Dans un semi-conducteur, le bruit peut être produit dans le volume aussi bien qu'au niveau des interfaces et des surfaces. La puissance spectrale montre souvent une composante en $1/f$ et une autre composante qui peut être décomposée en une somme des lorentziennes. La densité spectrale de puissance de bruit dans un semi-conducteur peut être exprimée par [50] :

$$S = \frac{A}{f^{\gamma}} + \sum_{i=1}^{n} B_i \frac{2\tau_i}{1 + (2\pi f \tau_i)^2} \qquad (1.4)$$

Où A est une constante indépendante de la fréquence qui mesure l'amplitude de la composante en $1/f$ dans le spectre total et B_i sont les constantes caractérisant chaque lorentzienne avec une fréquence de coupure τ_i^{-1}. Dans la plupart des cas, ces lorentziennes proviennent du mécanisme de génération recombinaison des pièges dans le gap.

9. Bruit de fond dans les circuits intégrés CMOS

Puisque le niveau du signal issu de notre capteur de gaz sera très faible surtout pour les basses fréquences, nous devons avoir un premier étage de conditionnement du signal. Lors de la conception d'un capteur de gaz, notre but est d'utiliser une technologie de fabrication assez avancée et très utilisée donc la moins chère. Celle choisie est l'intégration monolithique des parties mécanique et électrique en utilisant la technologie CMOS. Donc, l'étude du bruit de fond de la partie électronique de notre capteur de gaz revient à étudier le bruit de fond des transistors et des circuits CMOS car l'étage de pré-amplification sera, comme toute la partie électronique, fabriqué en utilisant la technologie CMOS et associé au capteur.

L'étude du bruit de fond de n'importe quel système intégré sera déterminée par le bruit qui caractérise les composants intégrés, nous proposons donc d'étudier et de présenter en premier lieu, les sources de bruit qui sont associées dans les transistors MOSFET.

9.1. Sources de bruit dans les transistors MOSFET

Les deux plus importantes sources de bruit peuvent être distinguées dans un transistor MOSFET: Le bruit thermique associé au canal et le bruit de scintillation qui est aussi appelé bruit 1/f. D'autres sources de bruit existent également dans les transistors MOS, tels que le bruit lié à la grille résistive en poly-silicium et le bruit dû à la résistance distribuée du substrat [51] [52]. Une autre source de bruit qui s'avère assez importante, surtout pour les dispositifs miniatures, est provoquée par le stress mécanique induit par la technologie [53]. Cependant, pour les applications basses fréquences, il est suffisant d'étudier et d'analyser le bruit de fond des circuits en considérant seulement le bruit thermique et le bruit de flicker.

9.1.1. Mécanisme du Bruit Thermique du canal

Quand un transistor MOS est polarisé dans l'état actif c'est-à-dire dans la zone de saturation ($V_{DS} > V_{GS} - V_T$), le courant circulant entre le drain et la source est basé sur l'existence d'un canal entre eux. Le canal est constitué par un effet capacitif sous l'effet d'une tension de commande de grille appropriée. Par analogie avec une résistance, le mouvement aléatoire des porteurs libres dans le canal produit un bruit thermique aux bornes du dispositif [54]. Dans le cas extrême où il n'y a aucune différence de potentiel entre drain et source ($V_{DS} = 0V$), le canal peut être traité comme une résistance homogène. Selon le théorème de Nyquist, la densité spectrale du bruit thermique de court circuit est donnée par [55] :

$$i_d^2 = 4.k_B.T.g_0 \tag{1.5}$$

Où k_B est la constante de Boltzmann, T représente la température absolue et g_0 est la transconductance du canal pour $V_{DS} = 0V$.

Cependant, pour les applications analogiques, les transistors MOS fonctionnent dans la région de saturation, dans laquelle le canal ne peut pas être considéré comme une résistance homogène. Dans ce cas, le bruit de court circuit du drain doit être calculé en divisant le canal en un grand nombre de petites sections Δx, comme représenté sur la figure 1.8. Pour chaque section Δx, le bruit du courant de sortie peut être calculé séparément, et finalement pour obtenir le bruit total de courant du drain on intègre le long du canal entier.

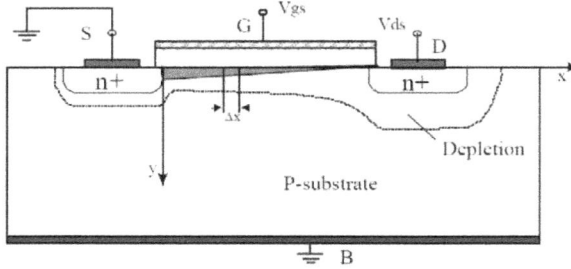

Figure 1. 8. *Coupe transversale du transistor NMOS.*

La densité spectrale du bruit du courant du drain est donnée par :

$$i_d^2 = 4.k_B.T.\frac{\mu^2 W^2}{L^2 I_{DS}} \int_0^{V_{DS}} Q_n^2(V)dV = 4.k_B.T.\frac{2}{3}g_m \tag{1.6}$$

Où W et L sont, respectivement, la largeur et la longueur du canal, μ est la mobilité efficace du canal, I_{DS} est le courant entre drain et source, $Q_n(x)$ représente la charge d'inversion du canal par unité de surface et g_m est la transconductance du transistor MOSFET.

Cette équation prévoit bien le comportement thermique de bruit du canal du transistor MOSFET avec l'effet négligeable du substrat.

9.1.2. Bruit (1/f) de flicker dans les transistors MOSFET

Le phénomène du bruit de fond 1/f est observé dans presque toutes sortes de dispositifs, en commençant par les couches de métal homogènes et des différents genres de résistances jusqu'aux dispositifs de semi-conducteur et même aux cellules de concentration chimiques. Parmi tous les dispositifs actifs intégrés, le transistor MOS possède le bruit de fond 1/f le plus élevé dû à son mécanisme de conduction en surface. Malgré plus de 30 ans de recherche, les mécanismes impliqués dans le bruit 1/f du transistor MOSFET ne sont pas encore entièrement déchiffrés. Il existe un modèle théorique du bruit en 1/f.

Dans ce modèle, le bruit 1/f est censé être provoqué par les piégeages aléatoires des porteurs mobiles dans les pièges situés à l'interface Si-SiO$_2$ et dans l'oxyde de grille. Chaque incident de piégeage a comme conséquence un signal aléatoire de télégraphe (Random Telegraph Signal (RTS)) correspondant à un spectre de Lorentz ou au spectre de génération-recombinaison. La superposition d'un grand nombre d'un tel spectre de Lorentz, avec une constante de temps appropriée, donne le spectre de distribution du bruit 1/f. L'expression générale du spectre du bruit 1/f du courant de drain peut être écrite sous la forme suivante [56]

$$i_d^2(f)_{1/f} = \frac{\mu q^2 I_{DS}}{L^2 C_{ox}} * \frac{k_B T N_t}{\alpha f} * \frac{1}{8} * \ln\left[\frac{2}{2(\frac{V_{SAT} - V_{DS}}{V_{SAT}})^2 + (\frac{n_i}{n_{so}})^2} \right] \qquad (1.7)$$

Où N$_t$ est la densité du piège, α (=108 cm^{-1}) est la constante de tunnel de McWhorter, n$_{so}$ est la valeur de concentration des porteurs en surface du côté de la source. Dans la région de saturation où V$_{DS}$ > V$_{SAT}$, l'équation (1.7) est réduite à :

$$i_d^2(f)_{1/f} = \frac{\mu q^2 I_{DS}}{L^2 C_{ox}} * \frac{k_B T N_t}{\alpha f} * \frac{1}{16} * \ln\left[\frac{\sqrt{2} n_{so}}{n_i} \right] = \frac{K_F I_{DS}}{C_{ox} L^2 f} \qquad (1.8)$$

Où K$_F$ est donné par :

$$K_F = \frac{\mu q^2 k_B T N_t}{\alpha} * \frac{1}{16} * \ln\left[\frac{\sqrt{2} n_{so}}{n_i} \right] \qquad (1.9)$$

La transconductance d'un transistor MOS dans la région de saturation est donnée par :

$$g_m = \sqrt{2 \mu C_{ox} \frac{W}{L} I_{DS}} \qquad (1.10)$$

En combinant et arrangeant les équations (1.9) et (1.10), le bruit 1/f équivalent de l'entrée peut être donné par :

$$v^2(f)_{1/f} = \frac{i_d^2(f)_{1/f}}{g_m^2} = \frac{K_F}{2\mu C_{ox}^2 WLf} = \frac{K_f}{C_{ox}^2 WLf} \qquad (1.11)$$

Où $K_f = K_F / 2\mu$.

Il faut noter que, selon l'équation (1.11), le bruit 1/f est déterminé uniquement par la surface du canal du transistor et il est indépendant de l'état de polarisation en DC. L'équation (1.11) est largement utilisée dans l'analyse du bruit 1/f et aussi dans la conception d'amplificateurs CMOS.

9.2. Effet de réduction de taille

La tendance de minimiser la taille moyenne du dispositif dans les transistors CMOS d'aujourd'hui, évoque des changements continus dans le traitement et l'architecture du dispositif. Pendant que la taille minimale du dispositif est réduite par un facteur K, afin d'obtenir une tension de seuil raisonnable et réduire au minimum les effets de court canal, nous devrons modifier l'épaisseur du diélectrique de grille et la densité de dopage du substrat.

Ceci exige des changements technologiques principaux : le développement de nouvelles étapes de fabrication et l'utilisation de nouvelles techniques lithographiques et d'équipement. Comme le bruit 1/f est fortement sensible à la technologie utilisée, l'introduction des étapes de fabrication avancées peut mener aux observations qui dans beaucoup de cas peuvent à peine être prévues et/ou modélisées par les théories existantes. Mais, on a démontré, théoriquement et expérimentalement, que la réduction de taille dans une technologie par un facteur K (>1) augmente le niveau de bruit moyen en conséquence [57][58]. En outre, on a observé que la dispersion de bruit (la variation d'échantillon à un autre) augmente de manière significative avec la réduction de la taille [59][60].

10. Conclusion, problématique et objectifs

A l'issu de ce chapitre, nous avons passé en revue l'état de l'art des capteurs de gaz. Face à la demande d'utilisation de plus en plus forte de ces capteurs de gaz pour les nombreux domaines d'application, répondre aux besoins du marché (faibles coûts de fabrication et de consommation, stabilité, reproductibilité, fiabilité, portabilité et donc simplicité …) devient primordial.

L'intérêt croissant pour ces capteurs aussi bien dans le domaine de la recherche qu'en industrie provient de plusieurs raisons. Nous pouvons citer entre autre, des coûts de fabrication avantageux favorisés par le développement des technologies de la microélectronique ; ce qui permet de réduire la taille des composants et donc de réaliser un grand nombre de capteurs sur une même plaquette de silicium.

La fabrication de ces dispositifs associe les technologies standards de la microélectronique mais également des techniques d'élaboration et d'intégration de nouveaux matériaux ou encore de nouveaux procédés de micro-usinage ou d'assemblage spécifiques aux microsystèmes. Tout ceci devrait permettre de répondre aux besoins du marché comme le faible coût de fabrication, une consommation énergétique la plus basse possible, une bonne reproductibilité du dispositif, et enfin une portabilité élevée. Déjà en 2005, plus de 70% des détecteurs de gaz sont portables avec une progression constante de ce taux d'année en année (76% aujourd'hui).

Cette étude a démontré que les capteurs MEMS de gaz à forte impédance délivrent un courant très faible de l'ordre de quelques centaines de nano-ampères à quelques centaines de microampères. Ce niveau de signal impose une étude et une maitrise du bruit de fond de la partie électronique de traitement. Au bruit de fond s'ajoute l'appariement des paires d'entrées qui produira le problème d'offset. En général, les amplificateurs CMOS souffrent d'un offset plus élevé que leurs équivalents BJT (Bipolar-Junction Transistor). La photolithographie, l'implantation ionique, la gravure et d'autres facteurs liés au processus peuvent causer la disparité dans la tension de seuil V_T et le facteur de gain entre la paire d'entrée, ce qui produit un offset aléatoire. La valeur typique d'offset pour un amplificateur CMOS peut atteindre 20mV.

C'est pourquoi le bruit de fond dans les circuits intégrés est l'un des facteurs les plus critiques déterminant la performance des systèmes de traitement de signaux intégrés. Il représente une limite inférieure du niveau électrique du signal qui peut être appliqué à un circuit intégré sans détérioration significative de la qualité du signal. La tension de décalage d'entrée (offset), qui génère une tension de sortie en l'absence de tension différentielle d'entrée, est une seconde imperfection qui s'ajoute au bruit de fond [61]. Les techniques de réduction du bruit de fond des circuits CMOS sont nombreuses mais sont assez difficiles à implémenter.

Notre objectif dans ce travail de thèse consistera à développer une interface électronique de traitement du signal de sortie du capteur de gaz à forte impédance tout en éliminant le bruit en 1/f et la tension de décalage d'entrée (offset) tout en conservant une faible puissance de consommation.

Bibliographie

[1] Hulanicki A., Ingman F. SG., *"Chemical Sensors Definitions and classification"*, Pure & Appl Chem 1991, 63:1247-1250.

[2] Ihokura W.,*"The Stannic Oxide Gas Sensor: Principles and Applications"*, CRC Press; 1994. Book.

[3] Menini P.,*"Du Capteur de Gaz à Oxydes Métalliques vers les Nez Electroniques sans Fil"*, Habilitation à diriger des recherches, Université Paul Sabatier de Toulouse, Novembre 2011.

[4] Walter H. Brattain et John Bardeen,*"Surface properties of germanium"*, The Bell System Technical Journal, XXXII, 1953.

[5] Jaffrezic. N. et al.,*"Capteurs chimiques et biochimiques"*, Techniques de l'Ingénieur, P1 (1994), pp 1-21.

[6] Bielanski A., Derén J. et Haber J.,*"Electric conductivity and catalytic activity of semiconducting oxide catalysts"*, Nature, 179:668-669, mars 1957.

[7] Testsuro Seiyama, Akio Kato, Kiyoshi Fujiishi and Masanori Nagatani,*"A new detector for gaseous components using semiconductive thin films"*, Anal. Chem., 34(11):1502-1503, 1962. ISSN 0003-2700.

[8] Taguchi N., Japanese Patent Application, N° 45-38200 (1962).

[9] Figaro : Gas sensors. Digest catalogue.

[10] Göpel. W.,*"Nanostructured sensors for molecular recognition. Philosophical transactions: Physical sciences and engineering"*, pp.353:333-354, 1995.

[11] Gardner J. W, and Bartlet P. N.,*"A brief history of electronic noses"*, Sens. Actuators B, 18(1-3): 210-2011, Mars 1994.

[12] Parret Frédiric,*"Méthode d'analyse sélective et quantitative d'un mélange gazeux à partir d'un microcapteur à oxyde métallique nanoparticulaire"*, Thèse de doctorat, Institue National Polytechnique, Toulouse, janvier 2006.

[13] Chalabi Habib,*"Conception et réalisation d'une plate forme multicapteur de gaz conductimétiques .Vers le nez électronique intégré"*, Thèse de doctorat, Université de Paul Cézanne. Spécialité : micro-électronique. Décembre 2007.

[14] Georges Asch,*"Capteurs en instrumentation industrielle, chapitre Capteurs de température : Thermométrie par résistance"*, pages 250-271. Bordas, 5eme édition, 1999.

Chapitre 1 : Etat de l'art sur les capteurs de gaz à forte impédance

[15] Riviere Béatrice,"*Optimisation du procédé de sérigraphie pour la réalisation de capteurs de gaz en couche épaisse Etude de la compatibilité avec la technologie microélectronique*", Thèse de doctorat, Université Saint –Etienne, 2004.

[16] Berry L., Brunet J., "*Oxygen influence on the interaction mechanisms of ozone on SnO2 sensors*", Sensors and Actuators B Chemical (2007).

[17] Korotcenkov G.,"*Metal oxides for solid-state gas sensors: What determines our choice?*", Materilas Science and Engineering 2007, B:1-23.

[18] Alberti G. et al.,"*Potentiometric and amperometric gas sensors based on the protonic conduction of layered zirconium phosphates and phosphonates*", Sensors and Actuators, B24 (1995), pp. 270-272

[19] Debliquy M.,"*Capteurs de gaz à semi-conducteurs*". http://www.techniques-ingenieur.fr; 2006. Online Database.

[20] Masel R. I.,"*Principles of adsorption and reaction on solid surfaces*", 1996, Book.

[21] Stephen Brunauer, W. Edwards Deming and Edward Teller,"*Theory of the Van Der Waals Adsorption of Gases*", J. Am. Chem Soc 1940, 62:1723-1732

[22] Williams D.E. Keep,"*Classification of reactives sites on the surface of polycrystalline tin dioxide*", J Chem Soc, Faraday Trans 1998, 94:3493-3500.

[23] Gurlo A.,"*Interplay between O2 and SnO2: Oxygen ionosorption and spectroscopic evidence for adsorbed oxygen*", ChemPhysChem 2006, 7:2041-2052.

[24] Harrison P. G.,"*Ton Oxides Surfaces: Part 20*", Journal Chem.Soc, Faraday Trans 1989, 1:1921-1932.

[25] Khol D.,"*Surface processes in the detection of reducing gases with SnO2-based devices*", Sensors and Actuators 1989:71-113

[26] Bourrounet-Dubreuil B., "*Conception et développement d'un système à multiples capteur de gaz. Application en agro-industrie*", Institut National Polytechnique, Thèse 1998

[27]Moseley P.T.,"*BCT: Solid states gas sensors*", 1987. Book.

[28] Yamazoe JF. N., Kishikawa M. and Seiyama T.,"*Interactions of tin oxide surface with O2, H2O and H2*", Surface Science 1979, 86:335-344.

[29] McAleer J.F, Norris J.O.W., Williams D.E.,"*Tin Dioxide Gas sensors: Part 1*", Journal ChemSoc, Faraday Trans 1987, 1:1323-1346.

[30] Dutraive M.S., Lalauze R., Pijolat C.,"*Sintering Catalytic effects and defect Chemistry in Polycristalline tin dioxide*", Sensors and Actuators B, vol.26, issue 1-3 (1995), pp. 38-44.

[31] Yamazoe N. et Miura N.,"*Some basic aspects of semiconductor gas sensors*", Dans: S. Yamauchi, Chemical Sensor Technology, N Y, 4 (1992), pp. 19-42.

[32] Xu C. et al.,*"Grain size effects on gas sensitivity of porous SnO2-based elements"* Sensors and Actuators, B3 (1991), pp. 147-155.

[33] Scweizer-berberich M.NB, Weimar U. and al,*"Electrode effects on gas sensing properties of nanocrystalline SnO2 sensors"*, In Eurosensors XI; Warsaw, Poland. 1997: 1377-1380. Conference Proceedings.

[34] Kocemba I.SS., Rynkowski J.,*"Effect of electrode geometry on selectivity of sintered SnO2 sensors"*, In Eurosensors XI; Warsaw, Poland. 1997: 481-484. Conference Proceedings.

[35] Gardner J.W.,*"Intelligent gas sensing using an integrated sensor pair"*, Sensors and Actuators B 1995, 26-27:261-266.

[36] Göpel DS.,*"SnO₂ sensors: current status and future prospects"*, Sensors and Actuators 1995, B:1-12.

[37] Barsan S-B., Göpel,*"Fundamental and practical aspects in the design of nanoscaled SnO2 gas sensors: a status report"*, Fresenius J Anal Chem 1999:387-304.

[38] Mishra V.N. and Agarwal R.P.,*"Effect of electrode material on sensor response"*, Sensors and Actuators B: Chemical,Volume 22, Issue 2, November 1994, Pages 121-125.

[39] Vilanova X.EL, Brezmes J.et al,*"Numerical simulation of the electrode geometry and position effects on semiconductor gas sensor response"*, Sensors and Actuators B 1998, 48:425-431.

[40] Williams D.E.GSH, Pratt K.F.E.,*"Detection of sensor Poisoning using self-diagnostic gas sensors"*, J Chem Soc, Faraday Trans 1995, 91:3307-3308.

[41] Williams D.E.,*"KFEP: Resolving combustible gas mixtures using gas sensitive resistors with arrays of electrodes"*, J Chem Soc, Faraday Trans 1996, 92:4497-4504.

[42] Lalauze R., Pijolat. C., Vincent. S., Bruno. L.,*"High-sensitivity materials for gas detection"*, Sensors and Actuators B, Volume 8, Issue 3, 1992, Pages 237-243.

[43] Puigcorbe J.V., Morante J.R.,*"Thermal fatigue modeling of micromachined gas sensors"*, Sensors and Actuators B 2003, 95:275-281.

[44] Figaro,*"Gas Sensors Digest Catalog"* http://www.figaro.co.jp/en/company1.html

[45] Brown S. and Pose J.,*"FPGA and CPLD Architectures"*, A tutorial IEEE Design&Test of computers Summer 1996.

[46] Mylnek D.,*"Design of VLSI Systems"*, Ecole polytechnique Fédérale de Lausanne (EPFL) 2001.

[47] Vincent Berroulle,*"Conception et test de systèmes monolithiques CMOS piézorésistifs : application à un capteur de champ magnétique"*, Thèse de Doctorat, Université Montpellier II, 31 Octobre 2002.

[48] Fourty N., Vval T., Fraisse P., Mercier J.J,"*Comparative analysis of a new high data rate wireless communication technologies-From WiFi to WiMAX*", IEEE ICNS'05, Papeete, Tahiti, French Polynesia. Oct. 2005.

[49] International Technology Roadmap for Semiconductors, 2003 Edition, Executive Summary .http://public.itrs.net/Files/2003ITRS.

[50] Raychaudhuri A. K.,"*Measurement of 1/f noise and its application in materials science*", Current Opinion in Solid State and Materials Science, 6 (2002) 67-85.

[51] Chang Z. Y.,"*Low-Noise Wide-band Amplifiers in Bipolar and CMOS Technologies*", Kluwer Academic Publishers, (1991).

[52] Motchenhacher C. D. and Connelly J. A.,"*Low-Noise Electronic System Design*", John Wiley & Sons, Inc., (1993).

[53] Fantini P. and Ferrari G.,"*Low frequency noise and technology induced mechanical stress in MOSFETs*", Microelectronics Reliability 47, 1218–1221 (2007).

[54] Da Silva R., Wirth G. I. and Brederlow. R.,"*Novel analytical and numerical approach to modelling low-frequency noise in semiconductor devices*", Physica A 362, 277–288 (2006).

[55] Van der Ziel A.,"*Noise in Solid State Devices and Circuits*", John Wiley & Sons, Inc., (1986).

[56] Hooge F. B., " 1/f noise", Physica 83B, 14-23 (1976).

[57] Chang J., Abidi A. A. and Viswanathan C. R.,"*Flicker Noise in CMOS Transistors from Subthreshold to Strong Inversion at Various Temperatures*", IEEE Transactions on Electron Devices 41, 1965-1971 (1994).

[58] Simoen C. and Claeys C.,"*On the flicker noise in submicron silicon MOSFETS*", Solid-State Electronics 43, 865-881 (1998).

[59] Chew K. W., Yeo K. S., Chu. S.-Fu S. and Cheng M.,"*Impact of device scaling on the 1/f noise performance of deep submicrometer thin gate oxide CMOS devices*", Solid-State Electronics 50, 1219–1226 (2006).

[60] Manghisoni M., Ratti L., Re. V., Speziali V. and Traversi G.,"*130 and 90nm CMOS technologies for detector front-end applications*", Nuclear Instruments and Methods in Physics Research A 572, 368–370 (2007).

[61] Dumas N., Latorre L. and Nouet P.,"*Analysis of offset and noise in CMOS piezoresistive sensors using a magnetometer as a case study*", Sensors and Actuators A: Physical, Volume 132, Issue 1, 8 November 2006, Pages 14-20.

Chapitre II :

Techniques de réduction de bruit basse fréquence

1. Introduction

L'étude a montré que notre capteur de gaz, comme c'est souvent le cas des capteurs MEMS de faible dimensions, présente une résistance qui peut varier dans de grandes proportions en fonction du gaz en présence, jusqu'à plusieurs giga-Ohms. Les tensions mesurées sont ainsi très faibles, de l'ordre de quelques microvolts à quelques dizaines de millivolts. Ce niveau de signal impose une étude du bruit de fond de la partie électronique de traitement. Au bruit de fond s'ajoute l'appariement des paires d'entrées de notre amplificateur qui produira le problème d'offset. En général, les amplificateurs CMOS souffrent d'un offset plus élevé que leurs équivalents BJT. La photolithographie, l'implantation ionique, la gravure et d'autres facteurs liés au process peuvent causer la disparité dans la tension de seuil V_T et le facteur de gain entre la paire d'entrée, ce qui produit un offset aléatoire. La valeur typique d'offset pour un amplificateur CMOS peut atteindre 20mV.

Le bruit de fond dans les circuits intégrés est l'un des facteurs les plus critiques qui détermine la performance des systèmes de traitement des signaux. Il représente une limite inférieure du niveau électrique du signal qui peut être appliqué à un circuit intégré sans détérioration significative de la qualité du signal. La tension de décalage d'entrée (offset), qui génère une tension de sortie en l'absence de tension différentielle d'entrée, est une seconde imperfection qui s'ajoute au bruit de fond [1]. Les techniques de réduction du bruit de fond des circuits CMOS sont nombreuses mais sont assez difficiles à implémenter.

Dans ce chapitre, nous allons présenter une solution non optimisée, qui constitue un point de départ pour des futurs travaux. Cette solution conduit à la conception d'un préamplificateur analogique à faible bruit de fond dédié à notre type de capteur. De plus, nous allons exposer les problématiques liées à la conception de cette partie de l'électronique. Le système d'amplification que nous présentons est le système d'amplificateur Chopper. Cette technique présente une solution très pertinente pour le traitement des signaux en temps réel et elle est couramment utilisée dans plusieurs applications nécessitant le traitement de signaux de basses amplitudes.

L'une de ces applications nécessitants un traitement temporel continu concerne les dispositifs électroniques implantables dédiés à des applications biomédicales afin de coordonner les nombreuses activités neuromusculaires [2][3][4][5][6][7]. Le signal nerveux, qui doit être mesuré, est généralement de l'ordre de quelques microvolts à quelques dizaines de microvolts, qui est du même ordre de grandeur que le signal de sortie induit pour notre capteur de gaz résistif intégré.

Nous commencerons par une présentation de quelques techniques de réduction du bruit de fond et de correction de la tension de décalage d'entrée. Nous nous intéresserons plus particulièrement à la technique Chopper et la technique Autozéro. Parmi les solutions possibles, nous avons choisi la technique de stabilisation Chopper qui présente une méthode très pertinente pour le traitement des signaux en temps réel et elle est couramment utilisée dans plusieurs applications qui nécessitent le traitement des signaux à basse amplitude. Ensuite, nous présenterons un état de l'art sur les différentes architectures d'un amplificateur Chopper. Enfin, nous donnerons les différents étages que constitue le circuit de l'amplificateur Chopper.

2. La technique Autozero

La technique Autozero consiste à échantillonner une quantité de signal indésirable (bruit et offset), puis à la soustraire au signal contaminé. La figure 2.1 montre les deux phases Φ_1 et Φ_2, nécessaires à l'Autozéro. Durant la phase Φ_1, les entrées de l'amplificateur sont déconnectées du chemin du signal pour être court-circuitées à un niveau de tension de mode commun approprié. Les valeurs de la tension d'offset (V_{of}) et du bruit (V_{br}) seront échantillonnées pour être exploitées, via l'entrée N, par le système de contrôle en boucle fermée β, dont le but est de faire tendre la sortie de l'amplificateur vers une valeur minimum. Une fois paramétré pour ces nouvelles valeurs d'offset et de bruit minimums, l'Autozéro rentrera dans la seconde phase Φ_2, durant laquelle les entrées de l'amplificateur seront reconnectées aux entrées du système pour l'amplification des signaux. Cette opération consiste, en fait, à adapter le niveau de tension de sortie d'un étage de l'amplificateur et peut donc être appliquée à l'entrée, à la sortie ou sur un nœud intermédiaire d'un amplificateur opérationnel à transconductance.

L'Autozero sera efficace pour un bruit constant (tel un offset), et permettra de réduire considérablement le bruit basse fréquence (bruit de scintillation par exemple). Cependant, si la tension d'offset peut être considérée comme constante, le bruit ramené par l'amplificateur, et particulièrement son bruit thermique, est aléatoire et varie dans le temps. De plus, le niveau moyen de bruit augmentera quelque peu à cause du recouvrement dû à l'échantillonnage. L'efficacité de l'Autozéro sera donc fortement dépendante de la corrélation entre le niveau de bruit échantillonné et le niveau de bruit instantané duquel il sera soustrait. Ainsi, l'Autozero sera très efficace pour éliminer le bruit à très basse fréquence, et s'avèrera limité pour le bruit thermique. Ajoutons que les composantes de bruit de scintillation échappent au filtre passe-haut réalisé par cette technique.

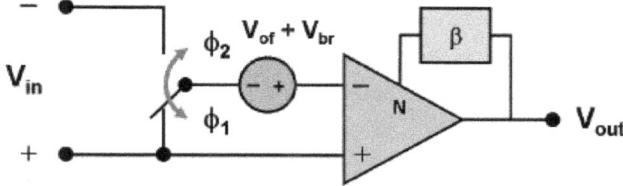

Figure 2. 1. *Structure d'Autozero* [8]

Dans la technique Autozero, l'amplificateur ne sera pas toujours connecté au signal. Il ne le sera que durant la phase Φ_2. Ceci est dû au fait que la technique Autozero est basée sur un effet aléatoire d'échantillonnage/blocage. De plus, la technique Autozero introduit des repliements dans le spectre du bruit à large bande de l'amplificateur. Cela est dû à l'échantillonnage/blocage des imperfections de l'amplificateur.

Bien que l'approche classique Autozero reste facile à implémenter, elle souffre de plusieurs limitations en termes de performance. Premièrement, l'injection de charge due aux commutateurs analogiques d'échantillonnage connectés aux chemins du circuit dans le cas du processus Autozero engendre une tension de décalage résiduelle qui affecte considérablement le résultat de la compensation. Deuxièmement, la déconnexion de la sortie de l'amplificateur de la charge, pendant la phase de compensation, est un inconvénient majeur de la technique Autozero à l'égard des applications en ligne car le niveau moyen de bruit augmentera à cause du recouvrement dû à l'échantillonnage.

3. La technique de stabilisation Chopper

La technique Chopper est plus adaptée pour le traitement des signaux qui sont continus dans le temps, tel qu'un signal issu d'un capteur de gaz.

3.1. Principe de base de la technique Chopper

La stabilisation par Chopper est une technique de modulation qui permet de réduire les effets d'imperfections des amplificateurs comme, par exemple, le bruit (principalement bruits 1/f et thermique) ainsi que la tension de décalage d'entrée ou offset. L'objectif fondamental de cette technique est de séparer, dans le domaine fréquentiel, le signal amplifié désiré des imperfections de l'offset et du bruit de fond du circuit électronique.

Cette technique de modulation s'applique au moyen de plusieurs fonctions de base telles que la fonction "modulation", la fonction "amplification", la fonction "démodulation" et la fonction "filtrage". Ceci est illustré sur la figure 2.2, où c_0 représente une tension carrée qui permute entre -1 et +1.

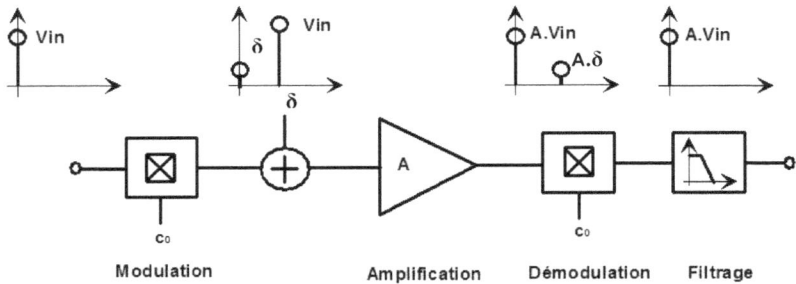

Figure 2. 2. *Principe de base de la technique Chopper* [8]

Étant donné que les dispositifs électroniques de conditionnement du signal du capteur ont un bruit à large bande thermique, nous avons choisi le Chopper qui est une technique de modulation qui ne devrait donc pas souffrir de repliement du bruit thermique, contrairement à la méthode de l'échantillon Autozero. Dans cette l'architecture, le signal est modulé par un premier mélangeur qui transpose son spectre dans les hautes fréquences. Le signal est modulé en amplitude. Dans le spectre de la sortie de l'amplificateur, le spectre du signal et les spectres de bruit basse fréquence sont séparés. Le second mélangeur effectue une démodulation synchrone du signal et sépare dans le temps le bruit en 1/f et la tension de décalage qui sont transposés en hautes fréquences. Un filtre passe-bas ajouté à la sortie Chopper permet de supprimer le bruit à large bande. Ce filtre peut également jouer le rôle du filtre anti-repliement pour un convertisseur analogique-numérique. D'après le théorème d'échantillonnage de Nyquist-Shannon, la fréquence de la porteuse doit être supérieure à deux fois la largeur de la bande de signal et le double de la fréquence de bruit du coin afin de s'éloigner du bruit à basse fréquence.

Le signal de modulation $c_0(t)$, dénoté par $m(t)$ et schématisé sur la figure 2.3, représente le signal carré utilisé pour la modulation. Sa transformée de Fourier ainsi que son spectre de fréquence sont donnés par les équations suivantes :

$$m(t) = \frac{2}{\pi} \sum_{\substack{n=-\infty \\ n(odd)}}^{+\infty} \frac{1}{n} \sin(2\pi n \frac{t}{T}) \tag{2.1}$$

$$M(f) = \frac{2}{j\pi} \sum_{\substack{n=-\infty \\ n(odd)}}^{+\infty} \frac{1}{n} \delta(f - \frac{n}{T}) \tag{2.2}$$

Par une multiplication temporelle de deux signaux, la fonction "modulation" permet de transposer le signal à moduler (V_{in}) à une plus haute fréquence, appelée fréquence chopper (f_c ou f_{chop}). A l'entrée de l'amplificateur (A), il en résulte un signal double et translaté vers les fréquences d'harmoniques impaires, auquel s'ajoutent les imperfections en bande de base, principalement la tension de décalage d'entrée (V_{off}) et le potentiel du bruit 1/f (V_{fn}). Ensuite, le signal amplifié issu du préamplificateur est converti en bande de base par une fonction "démodulation", et est filtré au moyen d'un filtre passe-bas (la fonction "filtrage").

A part le domaine fréquentiel, le principe de découpage peut aussi être expliqué dans le domaine temporel. Dans ce cas, le signal d'entrée est périodiquement inversé par le Chopper. Après amplification, le signal inversé et amplifié est inversé pour la deuxième fois et résulte encore en un signal continu. La compensation de la tension de décalage est périodiquement inversée une seule fois et par conséquent apparaît comme une onde carrée à la sortie, qui sera filtrée par le filtre passe bas à la sortie.

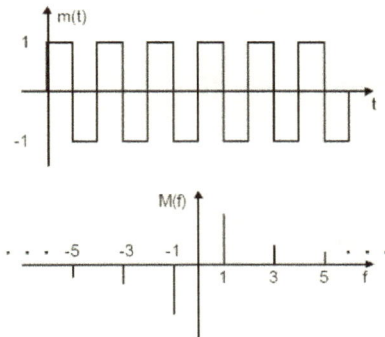

Figure 2. 3. *Signal de modulation et son spectre.*

Une analyse à base de fonctions de transfert de la densité spectrale bilatérale de puissance relative au processus Chopper, permet de mettre en évidence l'effet de cette technique de modulation sur les imperfections d'un amplificateur. Ceci est montré sur les figures 2.4 et 2.5.

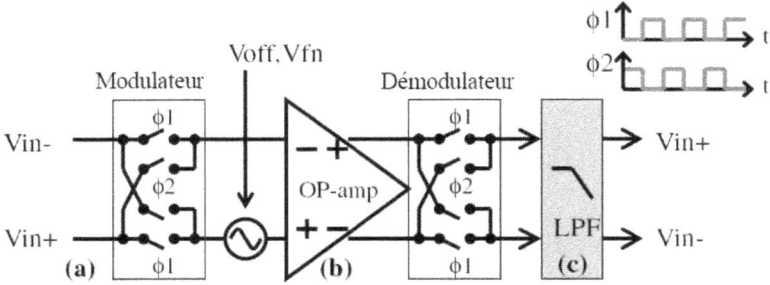

Figure 2. 4. *Principe d'opération de la technique Chopper* [8].

Rappelons la condition sur la fréquence chopper, imposée par le théorème de Nyquist-Shannon, est donnée par :

$$f_c = f_{chopper} \geq 2 f_{max} \qquad (2.3)$$

Où f_{max} représente la fréquence maximale du signal à moduler. Cette condition permet d'éviter une perte d'information due au recouvrement du spectre.

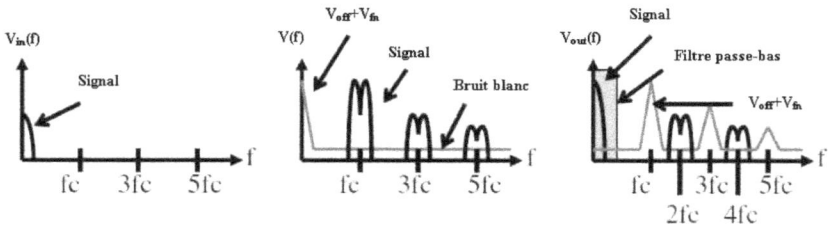

Figure 2. 5. *Densité spectrale de bruit de la technique de stabilisation Chopper: (a) Entrée, (b) Après amplification, et (c) Après démodulation* [8].

Deux principaux phénomènes parasites sont à l'origine de la dégradation des performances de l'amplificateur Chopper à savoir l'injection de charge [8][9][10][11][12][13] et l'ondulation du signal de la sortie [14][15][16]. Ils sont illustrés ci-dessous (figure 2.6). Les pics de tension parasites sont obtenus par l'injection de charges suite à la modulation des commutateurs du mélangeur. Elles sont généralement liées à l'injection de charges à travers la capacité de la grille des transistors MOS du modulateur qui est typiquement dans la gamme 0.01pF à 0.1pF. En présence de la résistance de sortie de la source du signal, généralement de l'ordre de 1kΩ à 100kΩ, un filtre R-C passe-haut est créé entre le signal de commande Φ et le signal analogique, avec un constante de temps inférieure à 10ns. La capacité d'entrée de l'amplificateur est généralement de l'ordre de 1pF ce qui permet d'augmenter la constante de temps jusqu'à 100ns, par suite l'amplitude des pointes de tension parasites d'entrée diminue. Ces constantes de temps sont assez faibles par rapport aux périodes typiques de l'horloge du Chopper (10µs à 1ms généralement).

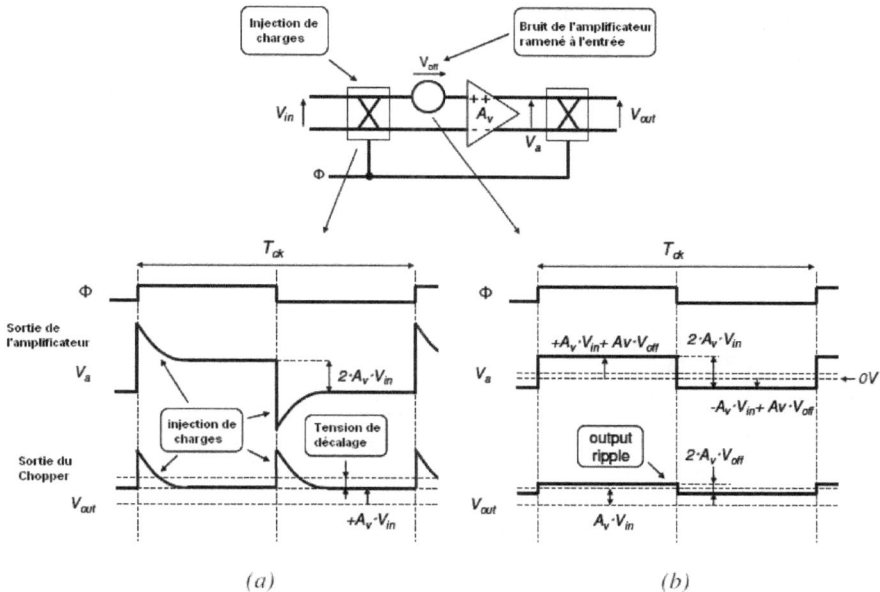

Figure 2. 6. *Les problèmes typiques dans les amplificateurs Chopper: (a) tension de décalage résiduelle provoquée par la tension d'injection de charges et (b) les ondulations de sortie induites par la tension de décalage de l'amplificateur* [8].

Les pics de tension parasites d'entrée sont ensuite amplifiés par le comportement transitoire de l'amplificateur afin que, même si elles ont une durée en général inférieure à 1µs [14], ils peuvent néanmoins donner lieu à des parasites transitoires plus important en amplitude et de plusieurs microsecondes à la sortie de l'amplificateur. Ces sorties des pics de tension parasites sont corrigées par le démodulateur (figure 2.6-a) et cela génère une tension de décalage résiduelle après filtrage passe-bas.

La capacité d'entrée de l'amplificateur est généralement de l'ordre de l'pF ce qui permet d'augmenter la constante de temps jusqu'à 100ns, par suite l'amplitude des pointes de tension parasites d'entrée diminue. Ces constantes de temps sont assez faibles par rapport aux périodes typiques de l'horloge du Chopper (10μs à 1ms généralement).

Les pics de tension parasites sont synchronisés avec les fronts de l'horloge du Chopper. Parce que la commande Φ du signal de l'horloge a généralement une période très courte, les pointes de l'injection de charge peuvent être considérées comme une réponse de Dirac pour l'amplificateur, par conséquent le spectre des pics de tension à la sortie de l'amplificateur est répartie uniformément entre les harmoniques impaires de la fréquence d'horloge [8] à l'intérieur de la bande passante de l'amplificateur (figure 2.7). En effet, ceci s'explique si les pics d'injection de charge en entrée sont traités de façon linéaire par l'amplificateur, sinon, un phénomène comme la saturation de la bande passante se passe. Suite à cette hypothèse, la puissance maximale des pics d'injection de charges est contenue dans les hautes fréquences.

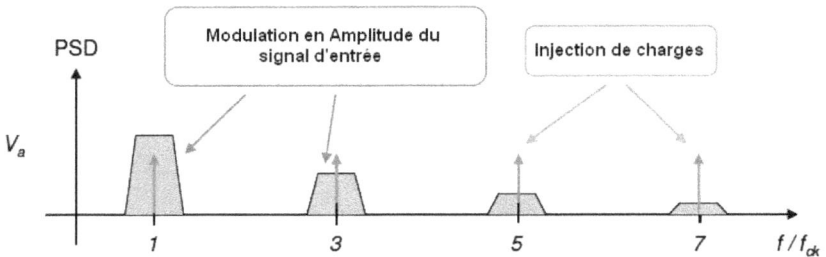

Figure 2. 7. *Spectres de signal et des pics d'injection de charges à la sortie de l'amplificateur V_a [16]*

Un autre problème connu dans les amplificateurs du Chopper est l'ondulation du signal de sa sortie. Cette ondulation est liée à la modulation du décalage de l'amplificateur par le procédé de démodulation de signal (figure 2.6-b). Le décalage de l'amplificateur produit un signal carré parasite à la sortie de la chaine Chopper. Ce qui conduit à une ondulation du signal de sortie. Ainsi, l'amplitude du décalage dépend du rapport entre la fréquence d'échantillonnage et la fréquence de coupure du filtre de sortie. En supposant une tension de décalage ramenée à l'entrée de 10mV pour l'amplificateur, une fréquence d'échantillonnage de 10kHz et un filtre passe-bas de premier ordre de fréquence de coupure de 100Hz, la valeur de l'amplitude des ondulations ramenée à l'entrée est de 10mV × (100Hz / 10kHz) soit 100µV.

3.2. Tension de décalage résiduel

La tension de décalage propre de l'amplificateur sélectif est complètement supprimée, puisqu'il a été décalé aux harmoniques impaires de la fréquence Chopper, et sera filtré par le filtre passe-bas. Par contre, les niveaux crêtes des signaux résultant du modulateur d'entrée présentent un décalage en tension résiduel après la seconde modulation.

Dans les circuits CMOS, les modulateurs sont composés par quatre interrupteurs. Il est inévitable que l'injection des charges à travers ces interrupteurs, particulièrement dans le modulateur d'entrée, introduise un offset résiduel dans l'amplificateur Chopper. Cette injection de charges avec le couplage capacitif donnent des pics de courants qui apparaîtront à l'entrée de l'amplificateur. Chaque fois qu'un interrupteur CMOS s'ouvre, une certaine quantité de charge ΔQ circule dans les capacités parasites C, et cause une crête ayant une tension maximale $V_{inj} = \Delta Q/C$. La constante de temps τ des crêtes a comme valeur RC, où R représente la résistance de la source du signal d'entrée et C est la capacité parasite de l'amplificateur (figure 2.8).

La période de ce signal est de $T = 1/f_{chop}$. Puisque le signal de démodulation est aussi périodique de période T, une grande partie de l'énergie de ce signal "spike" va être transposée en statique, ce qui donnera naissance à des offsets résiduels. Si nous limitons la constante de temps τ de ces crêtes à une valeur beaucoup plus petite que T/2, la plupart de l'énergie des crêtes restera à des fréquences plus élevées que la fréquence Chopper.

Le spectre du signal est représenté par des impulsions aux harmoniques impaires de la fréquence Chopper avec une bande passante équivalente proportionnelle à $1/\tau$ et beaucoup plus élevée que f_{chop}. Nous voyons bien que la figure expliquant la technique Chopper montre le spectre d'un signal modulé. Puisque l'enveloppe spectrale d'un signal est inversement proportionnelle à la fréquence, le signal de sortie, après amplification et démodulation, pourra être essentiellement reconstruit par ces harmoniques fondamentales. Ceci pose le problème du choix de la bande passante de l'amplificateur, pour qu'il soit capable de reproduire le signal modulé et, en même temps, de rejeter la plupart des composantes spectrales des crêtes.

Il a été démontré dans [17] et [18] que le filtre passe-bande de deuxième ordre est le choix le plus approprié entre la réduction de l'offset résiduel et la complexité du circuit. Ce filtre passe-bande sera utilisé dans la chaine de l'amplificateur Chopper juste après le préamplificateur.

4. Comparaison des techniques Chopper et Autozero

Les techniques Chopper et Autozero permettent de réduire le plancher du bruit et le bruit modulé à la fréquence Chopper [18].

Il faut savoir qu'il existe beaucoup de différences entre ces deux techniques. La différence majeure qui existe c'est que, dans le cas du Chopper, l'amplificateur sera toujours connecté au signal contrairement au cas de la technique Autozero où, durant une phase, l'amplificateur sera déconnecté. Ceci est dû au fait que la technique Autozero est basée sur un effet aléatoire d'échantillonnage/blocage.

De plus, contrairement à la technique Autozero, la technique Chopper n'introduit pas de repliements dans le spectre du bruit à large bande de l'Amplificateur. Cela est dû au fait que les imperfections de l'amplificateur ne sont ni échantillonnées ni bloquées, mais plutôt transposées périodiquement, tout en gardant leurs propriétés générales dans le domaine temporel.

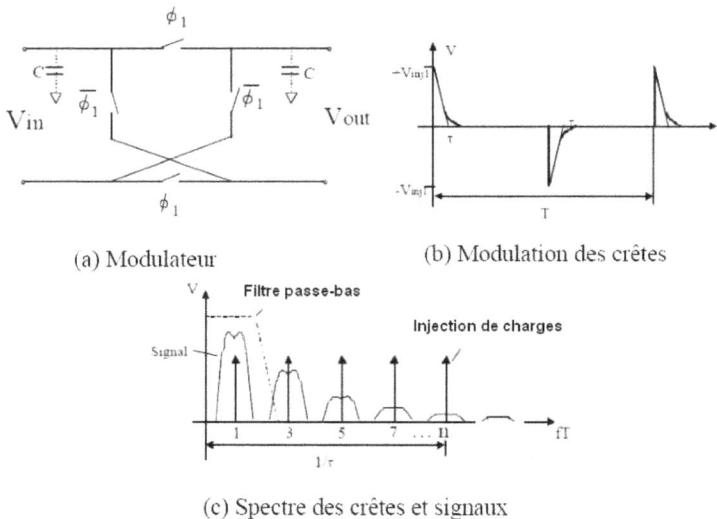

(a) Modulateur   (b) Modulation des crêtes

(c) Spectre des crêtes et signaux

Figure 2. 8. *Offset résiduel : (a) Modulateur, (b) Modulation des crêtes, (c) Spectre des crêtes et signaux.*

Bien que les deux approches classiques, Autozero et Chopper, soient pratiques et faciles à implémenter, elles souffrent de plusieurs limitations en termes de performance. Premièrement, l'injection de charge due aux commutateurs analogiques d'échantillonnage connectés aux chemins du circuit dans le cas du processus Autozero, et les non-idéalités associées aux modulateurs avec Chopper engendrent une tension de décalage résiduelle qui affecte considérablement le résultat de la compensation. Deuxièmement, la déconnexion de la sortie de l'amplificateur de la charge, pendant la phase de compensation, est un inconvénient majeur de la technique Autozero à l'égard des applications en ligne. Finalement, un amplificateur à base de la technique Chopper requiert un filtre passe-bas dont la fréquence de coupure devra être assez basse pour pouvoir supprimer ses imperfections préalablement modulées. Toutefois, l'intégration de ce filtre s'avère une tâche difficile, en termes de surface de silicium occupée notamment en technologie CMOS à basse tension d'alimentation.

Par conséquent, la technique Chopper, avec ses inconvénients, est plus adaptée pour le traitement des signaux qui sont continus dans le temps, tel qu'un signal issu d'un capteur de gaz. Donc, la technique Chopper sera proposée comme système d'amplification possible pour être utilisé dans le cas de notre capteur pour réduire le bruit en 1/f ainsi que l'offset d'entrée.

5. Etat de l'art sur l'amplificateur Chopper

La plupart des techniques Chopper rapportés dans la littérature utilisent le principe décrit dans la figure 2.9 [9][10][12][14], mais ils comprennent des modifications pour annuler les pics d'injection de charges, afin d'éliminer la tension de décalage et le bruit en 1/f. Généralement, ces amplificateurs Chopper jouent sur la bande passante de l'amplificateur pour minimiser la tension de décalage. La bande passante de l'amplificateur utilisé est généralement comprise entre dix fois et cent fois la bande passante du Chopper, à l'exception des implémentations avec un amplificateur Gm-C sélective.

5.1. Chopper avec un Amplificateur sélectif

Certaines conceptions de l'amplificateur Chopper sont basées sur une approche du filtre passe-bande sélectif [9] [10] qui permet de filtrer les pointes d'injection de charge avant la démodulation du signal. Comme l'indique la figure 2.8, le spectre des pics de charge est essentiellement contenu dans des fréquences supérieures à la fréquence de la bande de signal, par conséquent, un filtre passe-bas peut effectivement éliminer la puissance des pics d'injection de charge après que le démodulateur les transpose en haute fréquence. Ces amplificateurs Chopper ont été conçus avec un filtre passe-bande [10] et un filtre passe-bas [9]. Dans ces amplificateurs Chopper, l'amplificateur et le filtre sont fusionnés en une seule structure appelée « amplificateur sélectif ». Le filtre passe-bande utilisé dans [10] est un simple filtre du deuxième ordre. Un filtre passe-bas de second ordre [9] est optimisé avec une caractéristique de fréquence de résonance pour découper le signal à la fréquence de résonance du filtre conçu avec une haute amplification de signal pour le rejet des pics d'injection de charge.

Selon la phase du filtre, le signal de commande Φ2 (figure 2.9-a) doit être décalé dans le temps par rapport à Φ1 de manière à assurer la démodulation optimale de signal. Un filtre passe-bande [10] n'ajoute pas de déphasage par suite Φ2 = Φ1. Un filtre passe-bas de second ordre fonctionne à une fréquence de coupure avec un déphasage de π/2 radians, ainsi Φ2 est égale à Φ1 retardée par Tck/4.

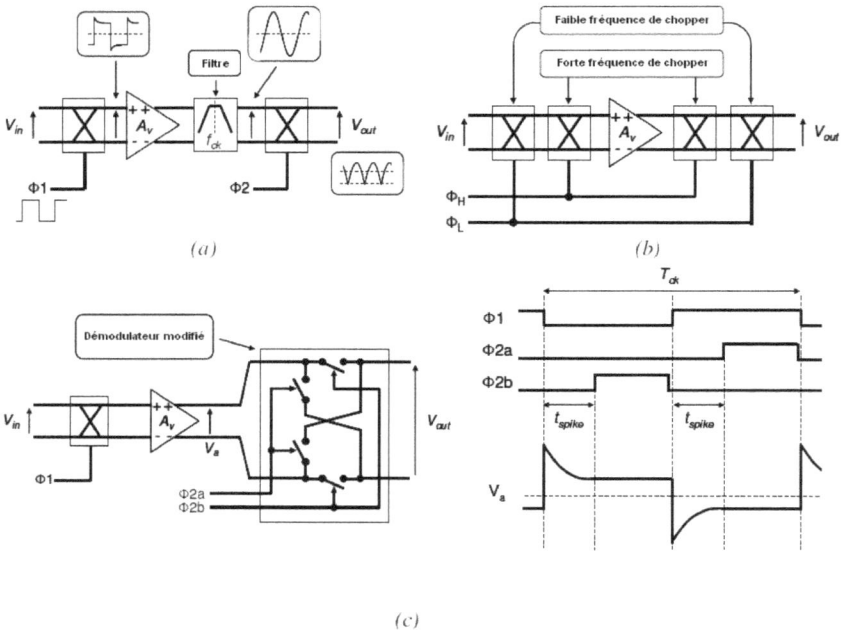

Figure 2. 9. *Principe de fonctionnement des architectures du Chopper pour éliminer la tension de décalage: (a) avec un amplificateur sélectif, (b) Chopper imbriqué, (c) Chopper garde-temps [9][16].*

Le problème avec ces amplificateurs est la nécessité de la correspondance entre la fréquence d'échantillonnage et la fréquence de résonance ou la fréquence centrale du filtre passe-bande. Les architectures existantes dans la littérature sont basées sur des filtres à temps continu Gm-C mais il est difficile de respecter ces exigences élevées d'appariement de fréquence sur les paramètres de ces filtres. Dans [9] le courant de polarisation du filtre est utilisé pour affiner sa fonction de transfert. Ainsi, un étalonnage est nécessaire, ce qui rend le chopper sensible aux variations de la température. L'amplificateur Chopper décrit dans [10] utilise un filtre avec un oscillateur harmonique pour la génération de l'horloge d'échantillonnage, ce qui permet d'avoir la fréquence d'échantillonnage et la fréquence centrale du filtre passe-bande accordées de façon intrinsèque. Toutefois, le filtre fictif est coûteux et augmente la consommation d'énergie. Les caractéristiques de gain et de phase sont proportionnelles à la fréquence d'échantillonnage pour ces filtres, ainsi elles correspondent de façon intrinsèque avec la fréquence d'échantillonnage si le générateur d'horloge est utilisé à la fois pour le chopper et le filtre sélectif. Dans l'électronique de conditionnement d'une boussole CMOS [19], un filtre passe-bande sélectif de quatrième ordre a été bien conçu et mis en œuvre. Ce filtre a une fréquence d'échantillonnage supérieure à deux fois la bande passante de l'amplificateur de manière à éviter le repliement du bruit blanc. Néanmoins les amplificateurs Gm-C sélectifs peuvent directement piloter des signaux de faible amplitude, alors qu'une amplification de l'amplitude est nécessaire avant d'utiliser un filtrage sélectif.

5.2. Chopper imbriqué

Une autre méthode est connue sous le nom de l'amplificateur Chopper imbriqué [12], voir figure 2.9-b. Cette technique permet d'avoir un très faible décalage en utilisant une modulation de l'écart résiduel d'un amplificateur Chopper standard, mais cette technique limite fortement la bande passante du Chopper à quelques hertz. La fréquence d'échantillonnage haute (Φ_H) doit être deux fois plus élevée que les fréquences de coin de bruit de scintillement, afin d'éviter le repliement du bruit de scintillement (critère de Nyquist). La fréquence d'échantillonnage faible (Φ_L) permet seulement d'annuler l'écart résiduel statique, dans les travaux cités cette fréquence est cent fois plus faible que la fréquence d'échantillonnage à haute fréquence. La bande passante d'un amplificateur imbriqué est limitée à la moitié de la fréquence d'échantillonnage faible, ce qui constitue un inconvénient. Cette architecture nécessite un amplificateur CMOS avec une bande passante qui est très large et de même valeur que la bande passante de Chopper imbriquée. L'amplificateur cité a une bande passante de 8Hz. Toutefois, il s'agit d'une conception simple et robuste qui ne nécessite pas un filtrage passe-bande analogique complexe [16].

5.3. Chopper garde-temps

Un moyen très simple d'annuler les pics d'injection de charge est d'utiliser un démodulateur modifié avec un garde-temps [14] ce qui évite la transmission de ces pics vers la sortie de la chaine Chopper, voir la figure 2.9-c. Au cours des pics d'injection, toutes les portes de transmission dans le démodulateur sont maintenues à l'état bloqué, par conséquent la sortie du Chopper est flottante. Le signal d'injection de charge est considéré comme un signal de sortie de l'amplificateur. Il n'est donc pas transmis et la sortie du filtre passe-bas (non représenté sur les figures) élimine le signal jusqu'à ce que la sortie de l'amplificateur reçoive V_a et le cycle recommence [16].

5.4. Chopper suivi-maintien

La démodulation du signal peut utiliser une méthode d'échantillonnage, la figure 2.10 ci-dessous explique le principe de fonctionnement du système proposé dans [11].

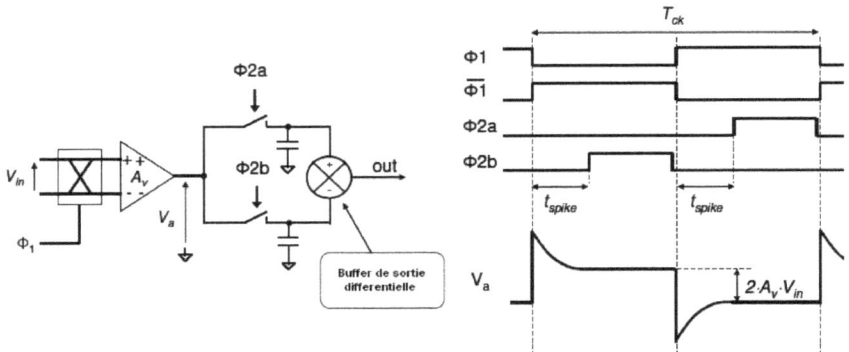

Figure 2. 10. *Principe de fonctionnement de l'amplificateur Chopper suivi-maintien* [9]

Un amplificateur à très faible tension de décalage a été utilisé ainsi qu'un filtre à simple sortie. Pour la récupération du signal, un demi-mélangeur démodulateur a été mis en œuvre en utilisant la technique de fonctionnement de suivi-maintien. Les pics de tension parasites sont gérés par la méthode de garde-temps [13] évite la transmission de ces pics vers la sortie de la chaine Chopper. Cependant, l'injection de bruit est éliminée dans le processus de démodulation, ce qui réduit le rapport signal à bruit de l'amplificateur.

Néanmoins, cette architecture a une particularité intéressante par rapport à celles décrites précédemment. Le signal utile est contenu dans le mode différentiel de démodulateur contrôlé par une sortie différentielle. Le démodulateur utilisé ici ne peut pas moduler le bruit basse fréquence et la tension de décalage de l'amplificateur. Ces phénomènes parasites sont simplement ramenés à des basses fréquences de mode commun du signal à la sortie du démodulateur de suivi-maintien, Ainsi, le filtre de sortie les annule. Cette technique d'implémentation de Chopper ne souffre pas du défaut de l'ondulation de la sortie. En outre, le filtrage du signal de sortie n'a pas besoin d'annuler de bruit de scintillement, donc un simple filtrage de sortie moins sélectif est nécessaire [16].

Ce Chopper est caractérisé par une ondulation de sortie en escalier. Dans le démodulateur, au moins un des interrupteurs de suivi-maintien est dans l'état d'attente, ce qui induit une distorsion en escalier dans le signal de sortie. L'amplitude maximale de cette ondulation est contrôlée par la variation de la tension d'entrée maximale sur une seule période d'horloge c'est-à-dire par la pente maximale du signal d'entrée.

6. Présentation des modules du Chopper

La figure 2.11 illustre le schéma bloc de l'amplificateur Chopper proposé comme système d'amplification possible du capteur de gaz. Dans les sections suivantes nous allons présenter les schémas bloc de l'ensemble du système d'amplification Chopper.

6.1. Les modulateurs

6.1.1. Présentation du circuit

L'idée de base du Chopper est d'utiliser la technique de modulation pour réduire le bruit en 1/f et la tension de décalage. Donc, le modulateur d'entrée sera une partie critique dans la conception de l'amplificateur Chopper. La fonction du modulateur est illustrée sur la figure 2.12. La tension $V_{out}(t)$ sera donnée par:

$$V_{out}(t) = V_{in}(t) * m(t) \tag{2.4}$$

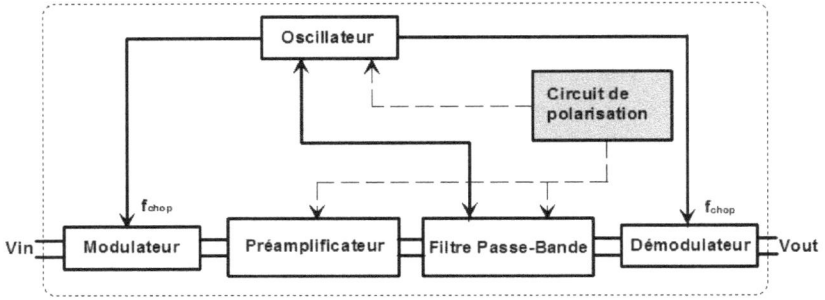

Figure 2. 11. *Schéma bloc de l'amplificateur Chopper.*

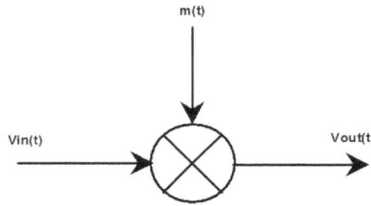

Figure 2. 12. *Fonction du modulateur.*

Le signal de modulation m(t) est un signal carré. L'équation (2.4) pourra être réécrite sous une forme discrète comme :

$$V_{out}(t) = \begin{cases} V_{in}(t) & kT < t < kT + \dfrac{T}{2} \\[2mm] -V_{in}(t) & kT + \dfrac{T}{2} < t < (k+1)T \end{cases} \tag{2.5}$$

Avec k=1,2,3,… ∞

Cette fonction pourra être réalisée avec quatre interrupteurs analogiques croisés qui sont contrôlés par deux différentes horloges déphasées ayant la fréquence 1/T (figure 2.13).

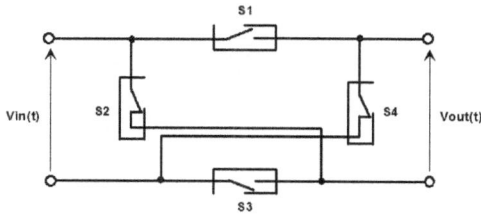

Figure 2. 13. *Modulateur à 4 interrupteurs.*

Les paires des interrupteurs S_1-S_3 et S_2-S_4 assurent la transmission du signal dans les deux sens durant chaque demi-période pour réaliser ainsi la modulation du signal.

6.1.2. Signaux d'horloge du modulateur

Pour assurer le fonctionnement du modulateur, quatre phases d'horloge sont nécessaires: une horloge $\Phi1$ et son horloge complémentaire $\Phi^{-}1$, une horloge $\Phi2$ et son horloge complémentaire $\Phi^{-}2$, qui sont montrées sur la figure 2.14.

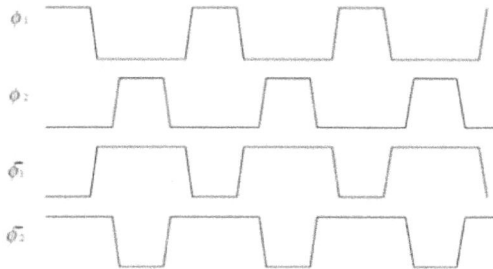

Figure 2. 14. *Horloges dans le modulateur.*

6.1.3. Bruit du modulateur

Puisque le modulateur d'entrée sera le premier bloc à traiter le signal d'entrée très faible, sa contribution en bruit nécessite d'être minimisée. Puisque les interrupteurs qui sont à l'état ON sont considérés comme des résistances, leur bruit thermique pourra être modélisé par une source de tension, $V_R(f)$, en série avec une résistance idéale sans bruit, comme le montre la figure 2.15.

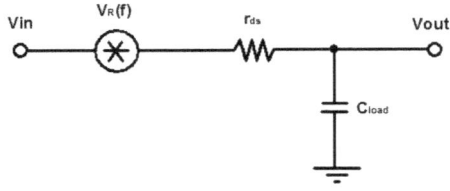

Figure 2. 15. *Modèle du bruit d'un interrupteur MOS à l'état ON.*

Avec une telle approche, la fonction de la densité spectrale, $V_R^2(f)$ est donnée par :

$$V_R^2(f) = 4.k_B.T.r_{ds} \qquad \left[V^2 / Hz \right] \tag{2.6}$$

Où k_B (1,38.10^{-23} J/K) est la constante de Boltzmann, T est la température en degré Kelvin et r_{ds} représente la résistance drain-source du transistor. Puisque le transistor est dans la région triode, sa résistance équivalente drain-source peut être écrite sous la forme suivante :

$$r_{ds} = \frac{1}{\mu_n.C_{ox}.(\frac{W}{L}).(V_{GS} - V_T)} \tag{2.7}$$

Pour réduire le bruit thermique, la valeur de la résistance devra être diminuée en augmentant soit le rapport largeur-longueur ou la tension effective ($V_{GS} - V_T$) du transistor.

❖ Effets parasites des interrupteurs MOS

Toutes les techniques d'auto-calibration nécessitent l'utilisation d'interrupteurs, soit pour effectuer des modulation-démodulation, soit pour commuter le circuit entre deux modes de fonctionnement. La manière la plus simple de concevoir un interrupteur est d'utiliser un transistor MOS, mais ces interrupteurs présentent quelques défauts non négligeables :

– injection de charge du canal

– injection du signal de l'horloge dans le canal à travers les capacités grille-drain et grille-source

– bruit d'échantillonnage

– courant de fuite

Tous ces défauts dégradent les performances de l'auto-calibration. Cette étude est consacrée à la quantification des erreurs induites par les deux premiers défauts listés ci-dessus.

L'architecture la plus simple pour étudier ces phénomènes est présentée sur la figure 2.16, il s'agit d'une cellule S/H basique. C_p représente la charge capacitive (parasite ou non) rapportée sur le drain, C_h la capacité de mémorisation de la tension de commande de compensation et C_{ov} les capacités parasites grille-drain et grille-source. Les capacités parasites sur la source sont comprises dans C_h.

❖ Injection du signal de l'horloge à travers les capacités parasites

Le couplage capacitif entre l'horloge de commande de l'interrupteur et la capacité de mémorisation C_h par l'intermédiaire de la capacité de recouvrement C_{ov} entraîne l'injection d'une charge q_{cf} dans C_h.

Cette injection vient alors perturber la qualité de l'information. Nous pouvons estimer cette charge injectée par l'expression suivante :

$$q_{cf} = -V_{sw} \frac{C_{ov} C_h}{C_{ov} + C_h} \tag{2.8}$$

Avec V_{sw} la différence de potentiel sur la grille pour commuter l'interrupteur d'un mode de fonctionnement à l'autre (ouvert-fermé). Nous utilisons couramment $V_{sw} = V_{dd} - V_{ss}$, avec V_{dd} et V_{ss} les tensions d'alimentation supérieure et inférieure. Généralement, les capacités de recouvrements sont de l'ordre de $C_{ov} \approx 5fF$. Pour réduire la charge injectée par les fronts d'horloge dans la capacité de mémorisation, C_h est dimensionnée de sorte à avoir $C_{ov} \approx C_h$, on peut facilement atteindre un rapport $C_h/C_{ov} \approx 100$. Pour une application avec une tension d'alimentation entre 0 et 2V et un rapport entre les capacités de recouvrement et de mémorisation de 100, l'offset apporté par les fronts de l'horloge est de l'ordre de 20mV [20].

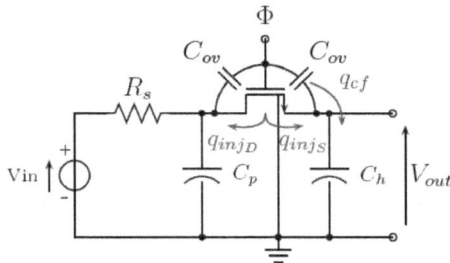

Figure 2. 16. *Injection de charge du canal d'un transistor NMOS* [22].

❖ Injection de charge du canal

Pour étudier ce phénomène d'injection de charge, il faut considérer la différence d'état du canal du MOS entre les deux modes de fonctionnement : ouvert et fermé. Lorsqu'il est ouvert, la tension sur la grille d'un transistor NMOS est $V_g = V_{ss}$. Le transistor est alors en régime d'accumulation avec une charge de canal $q_{ch-acc} > 0$. En position fermée, la tension sur la grille d'un transistor NMOS est $Vg = Vdd$. Le transistor est alors en régime de forte inversion avec $q_{ch-inv} < 0$. La différence de charge entre ces deux modes est appelée charge d'injection $q_{inj} = q_{ch-inv} - q_{ch-acc}$. La charge du canal dans le régime d'accumulation est négligeable devant celle présente dans le canal en forte inversion, q_{inj} est alors approximée par [20] :

$$q_{ch-inv} = -WLC_{ox}(V_{sw} - V_{in} - V_{th})$$ (2.9)

Avec W et L respectivement la largeur et la longueur du canal effective, C_{ox} la capacité d'oxyde par unité de surface, V_{th} la tension de seuil du transistor, et V_{in} la tension de drain du transistor qui est approximativement la même que la tension de source quand l'interrupteur est fermé. La tension de seuil du transistor dépend de la différence de potentiel V_{bs} entre la source et le substrat, on a $V_{bs} \approx V_{in} - V_b$ [21]. La charge q_{ch-inv} est alors une fonction non linéaire de V_{in}.

❖ Partage de la charge du canal

Lorsque le transistor MOS passe de l'état fermé à l'état ouvert (de la phase de mémorisation à la phase de fonctionnement normal), les charges négatives de la couche d'inversion sont éjectées du canal. Le partage de cette charge entre le drain et la source dépend principalement du rapport des impédances sur la source et le drain ainsi que de la pente des fronts d'horloge. En notant $\tau s = R_{on}C_h$ et $\tau_d = R_{on}C_p$ les constantes de temps relatives à la source et au drain avec R_{on} la résistance du canal lorsque le transistor est dans le mode fermé, nous pouvons déterminer des règles de partage de la charge du canal. Si tc le temps de descente de l'horloge est plus petit que les constantes de temps τs et τd, la charge se répartit équitablement entre les deux ports, et ce, quelles que soit les impédances. En notant $\alpha = q_s/q_{ch}$ la proportion de la charge totale injectée dans C_h à travers la source, on obtient $\alpha = 0,5$.

Au contraire, pour $t_c \geq \tau_s, \tau_d$, le partage de charge dépend du rapport des impédances vues de chaque côté. Le maximum de charge sera évacué du côté présentant la plus faible impédance (i.e. la plus grande capacité). La charge du canal $q_{inj s}$ injectée dans la capacité C_h peut s'écrire

$$q_{inj_s} = q_{ch} \frac{C_h}{C_p + C_h} \tag{2.10}$$

Pour réduire l'offset dû à l'intégration de cette charge dans C_h, différentes techniques sont envisageables :

1. Le plus simple est de sur-dimensionner la capacité C_p et d'utiliser des fronts d'horloge lents. La quasi-totalité de la charge est alors injectée dans la capacité C_p (figure 2.17-a). Cette technique est valable uniquement si on dispose de la surface nécessaire à l'implémentation des deux capacités dans le pixel.

2. Une autre technique consiste à réaliser une architecture différentielle de sorte que les injections de charge aux deux extrémités de la capacité soient identiques. Ainsi, seul le mode commun est modifié et la différence de tension entre ses bornes reste identique.

3. Nous pouvons aussi placer des transistors "fantômes" de chaque côté de l'interrupteur en inversion de phase avec ce dernier comme l'illustre la figure 2.17-b. Avec des fronts d'horloges rapides, le partage de la charge du canal devient indépendant des impédances. Ainsi, en dimensionnant les transistors "fantômes" avec une surface W.L égale à la moitié de celle de l'interrupteur, ils collectent chacun une charge $q_{dum} = q_{ch}/2$ et l'offset induit dans C_h est négligeable. Cette technique demande un soin tout particulier sur le dessin des masques de ces transistors et une gestion précise des horloges.

Des architectures avancées permettent d'obtenir encore de meilleurs résultats, mais elles nécessitent une gestion d'horloge complexe qui n'est pas adaptée à la conception de pixels. Le lecteur est invité à se référer à [22] [23] et [24] pour un état de l'art détaillé des différentes architectures d'optimisation de la compensation d'offset dans les circuits à capacités commutées.

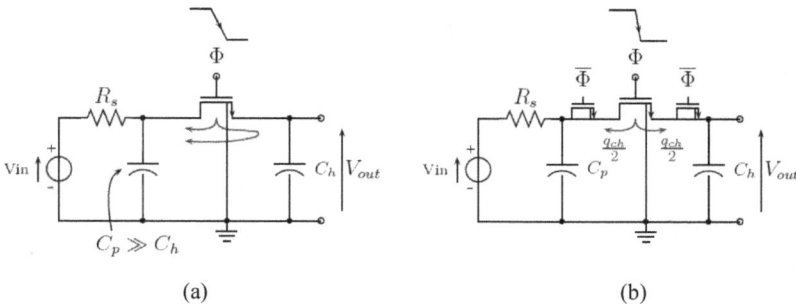

(a)   (b)

Figure 2. 17. *Architecture de réduction de l'offset due à l'injection de la charge du canal dans la capacité de mémorisation de la tension de correction [22]*

❖ Détermination de l'erreur minimale en fonction de la fréquence d'utilisation

La fréquence maximale de commutation de l'interrupteur est fixée par sa résistance de canal en mode fermé. En fonction de la charge capacitive, elle détermine le temps nécessaire pour charger la capacité C_h. Pour cela, la demi-période de l'horloge (soit le temps à l'état fermé) doit être supérieure à sept fois la constante de temps de chargement de C_h [25] :

$$\frac{T_{clk}}{2} > 7 R_{on} C_h \tag{2.11}$$

Le courant de canal traversant le transistor MOS peut être exprimée à partir de la vitesse υ de déplacement des porteurs charges dans le canal $\upsilon = \mu E_{lat}$ avec μ, la mobilité des porteurs de charge, et E_{lat}, le champ latéral tel que $E_{lat} = V_{ds}/L$ (V_{ds} étant la tension de canal entre le drain et la source). On obtient alors :

$$i_{ch} = q_{ch} \mu \frac{V_{ds}}{L^2} \tag{2.12}$$

La résistance de canal du transistor en mode fermé est déterminée par :

$$R_{on} = \frac{V_{ds}}{i_{ch}} = \frac{L^2}{q_{ch}\mu} \tag{2.13}$$

Nous pouvons alors déterminer la charge minimum présente dans le canal en fonction de la résistance de celui-ci :

$$q_{ch-\min} = \frac{L^2}{\mu R_{on-\max}} \tag{2.14}$$

En utilisant l'expression 2.13 dans 2.14 et en posant $f_{clk} = 1/T_{clk}$, nous obtenons une expression plus pratique de la charge minimum de canal :

$$q_{ch-\min} = 14 C_h L^2 \frac{f_{clk}}{\mu} \tag{2.15}$$

A partir de cette charge et de la proportion α de charge injectée q_{injs} à travers la source du transistor dans C_h, nous déduisons l'expression de l'offset minimal de tension induit par l'injection de la charge de canal dans C_h :

$$\upsilon_{err-\min} = \alpha \frac{q_{ch-\min}}{C_h} = 14 \alpha L^2 \frac{f_{clk}}{\mu} \tag{2.16}$$

Nous déduisons de l'expression 2.16 que le paramètre le plus influent sur cette tension d'offset est la longueur de canal du transistor servant d'interrupteur. Nous utilisons alors en priorité des transistors NMOS pour la grande mobilité de ces porteurs de charge avec la longueur de canal la plus faible permise par la technologie. Par ailleurs, la fréquence des commutations de ces interrupteurs doit être minimale. Cependant, elle reste dépendante des besoins de chaque application. Enfin, nous chercherons à optimiser la taille de la capacité C_h de mémorisation pour réduire l'offset en tension généré par une injection de charges. Cette capacité ne doit pas être surdimensionnée, car elle détermine aussi la constante de temps pour la mémorisation de l'information.

6.2. Le démodulateur

La structure du démodulateur est similaire à celle du modulateur et les mêmes horloges de contrôle pourront être utilisées. La performance en bruit et l'injection de charge du démodulateur ne sont plus critique à la conception du système, parce que le signal a été bien amplifié et déplacé dans la bande de base.

6.3. Le filtre passe-bande

Des études ont montrés que l'utilisation d'un filtre passe bande de deuxième ordre comme un étage d'amplification est le meilleur compromis entre la réduction de la tension d'offset et la complexité du circuit [26].

La fonction de transfert de l'étage constitué par le filtre passe-bande pourra être formulée comme suit :

$$G(f) = \frac{A_2 Q}{1 + jQ \dfrac{f^2 - f_{c2}^2}{f \cdot f_{c2}}} \qquad (2.17)$$

Où f_{c2} est la fréquence centrale du filtre passe-bande et Q est son facteur de qualité. Le facteur de qualité (Q) représente la sélectivité du filtre passe-bande. Plus le facteur Q est grand plus la bande passante du filtre sera étroite. A contrario, si le facteur Q est petit notre bande passante sera plus grande. Dans la pratique, un facteur de qualité Q égale à 4 ou 5 sera choisi.

Le bloc de base du filtre passe bande sélectif est un Amplificateur Opérationnel à Transconductance Miller. Le schéma bloc du filtre passe-bande est présenté sur la figure 2.18. Un paramètre très important de l'amplificateur est le taux de rejection de mode commun CMRR « Common Mode Rejection Ratio ». Ce paramètre décrit la sensibilité aux changements de la tension aux entrées positive et négative, et donc la sensibilité de l'amplificateur à rejeter un signal commun (par exemple la tension de bruit). Cette erreur se manifeste par la variation de l'Offset.

$$CMRR_{ERROR} \Rightarrow \Delta v_{ov} \qquad (2.18)$$

Cette caractéristique est importante dans les applications analogiques où les signaux sont transmis en mode différentiel.

Figure 2. 18. *Schéma bloc du filtre passe-bande.*

L'équation (2.19) montre la dépendance du taux de rejection de mode commun au gain en mode différentiel A_{vd} et en mode commun A_{vc} de l'amplificateur différentiel :

$$CMRR = 20\log\left|\frac{A_{vd}}{A_{vc}}\right| \qquad (2.19)$$

Idéalement une valeur de CMRR infini produit un gain en mode commun A_{vc} égal à zéro.

L'autre paramètre de l'amplificateur est le taux de rejection de la tension d'alimentation PSRR « Power Supply Rejection Ratio », qui défini la sensibilité de l'amplificateur aux variations de la tension d'alimentation V_{DD} (PSRR$^+$) et V_{SS} (PSRR$^-$). Ce paramètre est important pour les applications analogiques de précision. Le PSSR d'un amplificateur se manifeste comme une erreur qui varie l'offset :

$$PSRR_{ERROR} = PSRR_{ERROR}^{+} + PSRR_{ERROR}^{-} \Rightarrow \Delta v_{OV} \qquad (2.20)$$

Idéalement à une valeur de PSRR infini correspond une variation de V_{out} nulle. Dans la pratique on définit les rapports suivants en fonction de la fréquence.

$$PSRR^{+} = \frac{\Delta V_{DD}}{\Delta V_{OUT}} = \frac{v_{dd}}{V_{OUT}}$$
$$PSRR^{-} = \frac{\Delta V_{SS}}{\Delta V_{OUT}} = \frac{v_{ss}}{V_{OUT}} \qquad (2.21)$$

6.4. L'oscillateur

La facilité d'intégration des oscillateurs en anneaux rend leur usage très répandu. Ce type de structure est basé sur N cellules connectées en anneau. Dans le cas de la figure 2.19, la période des oscillations est égale à 2.N.τ, où N et τ sont respectivement le nombre de cellules et le retard engendré par une cellule.

Il existe deux familles d'oscillateurs en anneau : saturés et non-saturés [20]. Les oscillateurs non-saturés sont ceux qui ont les plus mauvaises performances en matière de bruit de phase. Les transistors CMOS composant le montage ne commutent pas totalement et restent donc toujours actifs. Au contraire, les oscillateurs de type saturé offrent de meilleures performances en bruit de phase car les cellules commutent totalement [27]. Ils sont ainsi moins sensibles aux perturbations.

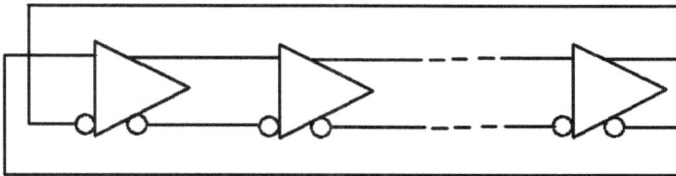

Figure 2. 19. *Principe de l'oscillateur en anneau.*

Le nombre de cellules qui constituent ces oscillateurs est aussi un élément important. En effet, en augmentant le nombre d'étages, nous diminuons leur fréquence maximale. En ce qui concerne le contrôle en fréquence, il s'agit d'une commande en courant qui permet de choisir la vitesse de commutation des cellules. Habituellement, nous utilisons un transistor PMOS pour contrôler le courant de la partie supérieure et un NMOS pour contrôler le courant de la partie inférieure de l'étage inverseur. La fréquence maximale étant limitée par le retard minimal de commutation, c'est sur ce paramètre que se portent les efforts pour pouvoir monter en fréquence.

Les oscillateurs en anneau sont très répandus comme oscillateurs intégrés. Il s'agit de l'oscillateur le plus simple à intégrer et qui fournit la plus grande excursion en fréquence [27]. Les avantages principaux d'une telle structure sont le faible encombrement, une consommation relativement faible et un temps de démarrage court. Il apparaît clairement que les oscillateurs en anneau sont plus appropriés dans un contexte faible coût et faible consommation.

6.5. La référence de tension « Band-Gap »

Les références de tension sont des blocs de service analogiques classiques qui sont utilisés dans différentes applications. Un tel circuit fournit une tension stable et précise, indépendante de la température, la tension d'alimentation et des fluctuations de la technologie de fabrication. En utilisant des transistors en faible inversion, la consommation de courant peut devenir très basse.

La référence de tension est composée par deux sous-circuits, un circuit PTAT (Proportional To Absolute Temperature) et un circuit NTC (Negative Temperature Coefficient). Le circuit PTAT fournit un courant qui est proportionnel à la température. Le circuit NTC fournit un autre courant qui diminue en fonction de la température. L'addition de ces courants et l'ajustement de leurs pentes crée une référence stable (figure 2.20).

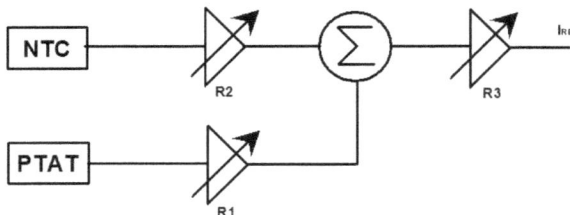

Figure 2. 20. *Schéma de principe.*

Le circuit PTAT est réalisé par une paire de transistors NMOS en faible inversion qui déterminent le courant de polarisation d'un miroir de courant. La réalisation du circuit NTC se fait avec un transistor bipolaire en technologie CMOS.

6.6. Le filtre passe-bas

Le filtre passe-bas est un dispositif qui démontre une réponse en fréquence relativement constante (gain fixe) aux basses fréquences et un gain décroissant aux fréquences supérieures à la fréquence de coupure. Le rythme de décroissance dépend de l'ordre du filtre. Idéalement, le filtre passe-bas aurait un gain unitaire (ou fixe) aux basses fréquences et un gain nul aux fréquences supérieures à la fréquence de coupure. On utilise le filtre passe-bas pour réduire des composantes de fréquences supérieures à la celle de la fréquence de coupure.

7. Conclusion

Dans ce chapitre, nous avons introduit les concepts généraux pour la conception des circuits CMOS à faible bruit de fond. Les deux sources dominantes de bruit de fond dans les transistors MOSFET ont été introduites et l'effet de réduction de taille de la technologie CMOS sur le bruit du système a été présenté.

Pour éliminer les imperfections de l'amplificateur, notamment l'offset et le bruit 1/f, la technique Chopper a été présentée comme une possibilité d'architecture qui pourrait être utilisée. Le principe de base de cette technique a été présenté et expliqué. L'implémentation de cette technique nécessite l'utilisation d'un filtre passe-bande de 2ème ordre dans la chaine de l'amplificateur Chopper pour éliminer l'offset résiduel qui est généré par les interrupteurs utilisés dans les modulateurs du Chopper. Ce même filtre sera utilisé pour optimiser le gain du système.

Nous avons ensuite présenté les différents schémas blocs du Chopper. Après avoir passé le signal d'entrée par le modulateur d'entrée, un préamplificateur à faible bruit est utilisé comme premier bloc de gain à fin d'obtenir le maximum de gamme d'entrée en mode commun. Le signal de l'horloge de modulation/démodulation est généré par un oscillateur en anneau qui est contrôlé par une tension générée par une référence de tension invariante en température.

Bibliographie

[1] Dumas N., Latorre L. and Nouet P.,"*Analysis of offset and noise in CMOS piezoresistive sensors using a magnetometer as a case study*", Sensors and Actuators A 132 (1), 14-20 (2006).

[2] Denison T., Consoer K., Kelly A., Hachenburg A. and Santa W.,"*A 2.2/spl mu/W 94nV//spl radic/Hz, Chopper-Stabilized Instrumentation Amplifier for EEG Detection in Chronic Implants*", IEEE International Solid-State Circuits Conference, ISSCC, 11-15 Feb., 162-594 (2007).

[3] Hu Y. and Sawan M.,"*A Fully-Integrated Low-Power BPSK Demodulator for Implantable Medical Devices*", IEEE Transactions on CAS I 52 (12), 2552-2562 (2005).

[4] Harb A. and Sawan M.,"*Low-Power CMOS Interface for Recording and Processing Very Low Amplitude Signal*", Kluwer Analog ICs & Signal Processing J. 39, 39-54 (2004).

[5] Sawan M., Arabi K. and Provost B.,"*Implantable volume monitor and miniaturized stimulator dedicated to bladder control*", Artificial Organs, vol.21 (3), pp.219-222 (1997).

[6] Popovic D. B., Stein R. B., Jovanovic K. L., Dai. R., Kostovand. A., Armstrong. W. W., "*Sensory nerve recording for closed-loop control to restore motor function*", IEEE Trans. Biomed. Eng. 40 (10), 1024- 1031 (1993).

[7] Stein R. B., Charles D., Davis L., Jhamandas J., Mannard A. and Nichols T. R., "*Principles underlying new methods for chronic neural recording*", Can. J. of neuro. Sc., 235-244 (1975).

[8] Enz C. C. and Temes G. C.,"*Circuit Techniques for Reducing the Effects of Op-Amp Imperfections: Autozeroing, Correlated Double Sampling, and Chopper Stabilization*", Proceedings of the IEEE 84, 1584-1614 (1996).

[9] Enz C. C., Vittoz E. A. and Krummenacher F.,"*A CMOS chopper amplifier*", IEEE J.S.S.C. 22, 335-342 (1987).

[10] Menolfi C. and Huang Q.,"*A Fully Integrated, Untrimmed CMOS Instrumentation Amplifier with Submicrovolt Offset*", IEEE J.S.S.C. 34, 415-420 (1999).

[11] Beroulle V., Bertrand Y., Latorre L., and Nouet P.,"*Test and Testability of a Monolithic MEMS for Magnetic Field Sensing*", Journal of Electronic Testing, Springer, Vol.17, No. 5, October 2001, pp.439-450

[12] Babak Vakili Amini,"*A Mixed-Signal Low-Noise Sigma-Delta Interface IC for Integrated Sub-Micro-Gravity Capacitive SOI Accelerometers*", PhD thesis, Georgia Institute of Technology, May 2006.

[13] Huang Q. and Menolfi C.,"*A 200nV offset, 6.5nV/√Hz Noise PSD 5.6kHz Chopper Instrumentation Amplifier in 1μm Digital CMOS*", Proceeding of the 27th European Conference on Solid-State Circuits (ESSCIRC 2001), San Francisco, CA, USA, July 5-7, 2001, pp. 362-363, 465.

[14] Burt R. and Zhang J.,"*A Micropower Chopper-Stabilized Operational Amplifier Using a SC Notch Filter With Synchronous Integration Inside the Continuous-Time Signal Path*", IEEE Journal of Solid-State Circuits, Vol. 41, No. 12, December 2006, pp. 2729-2736.

[15] Witte J. F., Makinwa K. A. A. and Huijsing J. H.,"*A CMOS Chopper Offset-Stabilized Opamp*", IEEE Journal of Solid-State Circuits, Vol. 42, No. 7, July 2007, pp. 1529-1535.

[16] Olivier Leman,"*Modélisation et conception d'interfaces faible bruit pour capteurs thermiques micro-usinés : application aux accéléromètres convectifs*", thèse de doctorat, Université Montpellier 2, Septembre 2009.

[17] Menolfi C. and Huang Q.,"*A Low-Noise CMOS Instrumentation Amplifier for Thermoelectric Infrared Detectors*", IEEE J.S.S.C. 32, 968-976 (1997).

[18] Masui Y., Yoshida T., Sasaki M. and Iwata A.,"*0.6V Supply Complementary Metal Oxide Semiconductor Amplifier Using Noise Reduction Technique of Autozeroing and Chopper Stabilization*", Japanese Journal of Applied Physics 46 (4B), 2252–2256 (2007).

[19] Dumas N. and Al.,"*Design of a micromachined CMOS compass*", 13th International Conference On Solid-State Sensors and Actuators (Transducers'05), 5-9 June 2005, Vol.1, pp.405-408.

[20] Sansen W.," *Design of analog integrated circuits and systems*", Mc Graw Hill, 1994.

[21] Temes G. et Ki W.H.,"*Offset-compensated switched-capacitors integrators*", Proc. Int. Symp. on circuits and systems, pages 2829–2832. Mai 1990.

[22] Temes. G. et Haug. K.,"*Improved offset-compensation schemes for switched capacitors circuits*", Electronic letters, tome 20(12) :508–509, Juin 1984.

[23] Temes G.,"*Charge injection and clock feedthrough*", École d'été "Low noise, low offset analog IC design". EPFL, Lausanne, Suisse, 3-7 septembre 2007.

[24] Menolfi C. and Huang Q.,"*A Fully Integrated, Untrimmed CMOS Instrumentation Amplifier with Submicrovolt Offset*", IEEE J.S.S.C. 34, 415-420 (1999).

[25] Park C-H., Beomsup Kim,"*A Low-noise , 900MHz VCO in 0.6μm CMOS*", IEEE Journal of Solid-State Circuits, Volume 34, Issue 5, pp 586-591, May 1999.

[26] Hajimiri A., Lee T. H.,"*The Design of Low Noise Oscillators*", Kluwer Academic Publishers, 1999.

[27] Razavi B.,"*A Study of Phase Noise in CMOS Oscillators*", IEEE Journal of Solid-State Circuits, Volume 31, No 3, pp 331-343, March 1996.

Chapitre III :

Etude des circuits élémentaires de l'amplificateur faible bruit

1. Introduction

Le principe de base de la technique de l'amplificateur Chopper a été introduit dans le dernier chapitre et les principaux travaux qui ont été réalisés dans la littérature sur cette technique ont été discutés. Il a également été montré que l'une des parties critiques de la chaine Chopper est de concevoir un amplificateur sélectif optimisé, qui non seulement amplifie le signal à un niveau élevé, mais peut également réduire l'écart résiduel qui découle des injections de charges de l'entrée du modulateur.

Une chaîne de traitement analogique utilisée pour les capteurs de gaz est présentée sur la figure 3.1. La conception d'une version intégrée de ce type d'interface, appelée amplificateur Chopper, pour un capteur de gaz est détaillée dans [1].

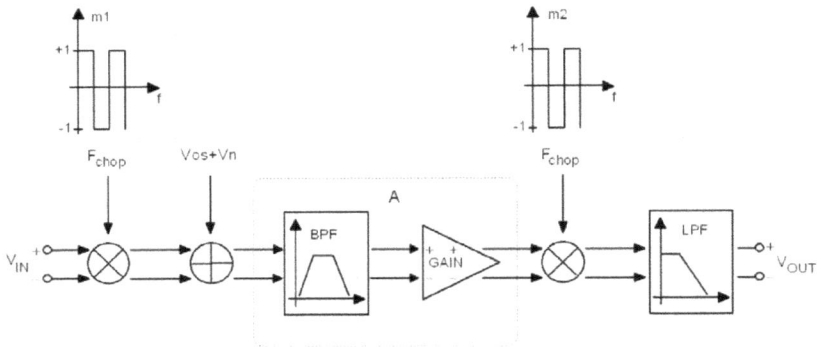

Figure 3. 1. *Schéma d'une chaîne de traitement classique, F_{chop} : fréquence du Chopper, Vos : tension de décalage, Vn : bruit en 1/f.*

Le signal en sortie du capteur est tout d'abord amplifié avec un amplificateur faible bruit (« Low Noise Amplifier » : LNA). A sa sortie, le signal est moins sensible aux sources de bruit. Un filtre passe bande centré sur la fréquence du signal (f_o) est utilisé pour éliminer le bruit et autres signaux parasites qui sont en dehors de sa bande passante. Ce filtre peut être indispensable si la démodulation du signal est faite par échantillonnage synchrone. En effet le filtre passe bande garantit qu'il n'y aura pas de recouvrement de spectre. A sa sortie, un amplificateur permet de compléter le gain. Le démodulateur synchrone utilise un signal de référence qui est à la même fréquence que le signal de mesure. Celui-ci est dérivé de l'excitation du capteur. Plusieurs types de démodulateur sont possibles : multiplieur, échantillonneur bloqueur... Dans tous les cas, la sortie du démodulateur a une composante continue qui est sensible à l'amplitude du signal d'entrée mais aussi à son déphasage par rapport au signal de référence. Enfin, un filtre passe bas a pour fonction d'améliorer le rapport signal sur bruit (« Signal to Noise Ratio » : SNR) en limitant la bande passante du système mais aussi d'éliminer les harmoniques du signal, si un multiplieur est utilisé comme démodulateur.

2. Modélisation comportementale de la chaine Chopper sous Matlab®/Simulink®

Avec l'évolution rapide de la technologie de conception, le temps d'accès au marché est l'un des facteurs cruciaux dans le succès final d'un produit. Les concepteurs ont, par conséquent, de plus en plus adhéré à des méthodologies de conception et des stratégies qui se prêtent davantage à la conception, l'automatisation et l'analyse souple. La technique de stabilisation Chopper a été connue pour sa capacité à réaliser des gains statiques de haute précision et un couplage dynamique avec les amplificateurs et de réduire les bruits de basse fréquence. La figure 3.2 présente le modèle comportemental proposé de la chaine Chopper.

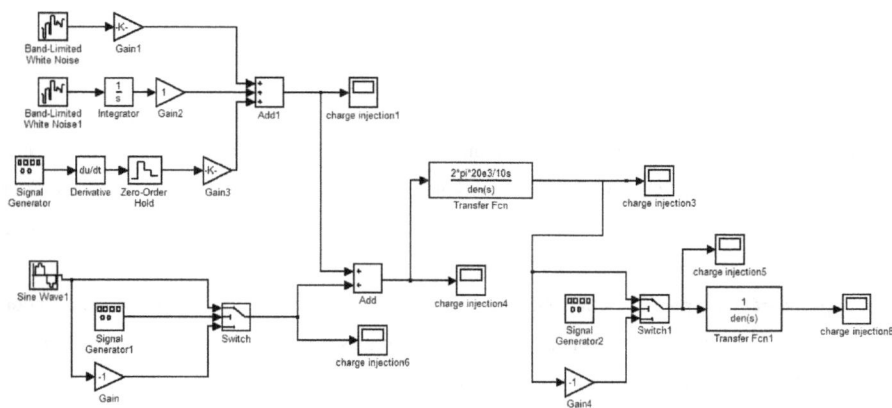

Figure 3. 2. *Modèle de la chaine Chopper sous le logiciel SIMULINK®.*

Le modèle comprend plusieurs sous-modules, qui prennent des avantages de la simplification des modèles mathématiques, tel que les équations de la génération des différentes sortes de bruits et l'équation du filtre passe bande sélectif, et de rapprocher leurs fonctions réelles. Par conséquent, il peut être utilisé pour analyser et optimiser la conception de notre circuit. Le modèle se compose des blocs suivants.

2.1. Modulateur

La fonction mathématique d'un modulateur est donnée par :

$$y(t) = x(t).m(t) \tag{3.1}$$

L'équation peut être réalisée par un interrupteur commandé par un bloc comme le montre la figure 3.3. La modulation en fréquence est réglée par le changement de la fréquence du bloc de signal carré.

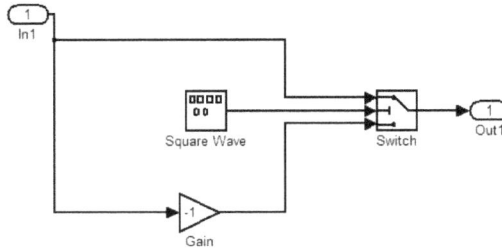

Figure 3. 3. *Bloc de modulateur.*

2.2. Filtre sélectif

Dans la pratique, l'amplificateur opérationnel a un modèle très complexe. Il est caractérisé par son gain, sa phase, sa bande passante, la vitesse de balayage, etc... Comme l'amplificateur Chopper est utilisé pour des applications de très basses amplitudes, certaines spécifications du modèle de signal telles que la vitesse de balayage et le temps de réponse peuvent être négligées. Un modèle de fonction de transfert idéale pour l'amplificateur peut être utilisé ici. Nous faisons usage d'une fonction de transfert de deuxième ordre pour le filtre passe-bande comme indiqué dans figure 3.3.

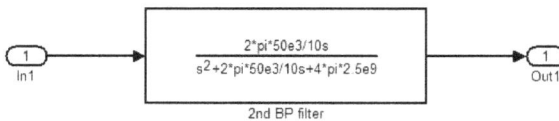

Figure 3. 4. *Bloc de l'amplificateur sélectif.*

2.3. Démodulateur et filtre passe bas

Le module du démodulateur est similaire à celui du modulateur. Le filtre passe bas de sortie est utilisé pour éliminer les harmoniques hauts et le bruit de scintillement qui est transposé en haute fréquence et ne laisse passer que le signal utile. Sa fréquence de coupure est fixée à la moitié de la fréquence de modulation. Dans notre cas, un filtre passe bas de premier ordre est utilisé.

3. Simulation du bruit électronique dans les transistors MOS

Pour observer la réduction du bruit par la technique Chopper, la meilleure solution est de le simuler avec une analyse transitoire. Toutefois, dans HSPICE® et SPECTRE®, il n'est pas facile de simuler le bruit d'entrée thermique et le bruit en 1/f. Heureusement, la difficulté peut être surmontée facilement en utilisant le modèle comportemental proposé.

3.1. Bruit thermique

L'objectif de l'analyse du bruit dans le modèle comportemental est de vérifier la réduction de son effet sur le système en utilisant la technique Chopper. Il n'est pas nécessaire de rapprocher les valeurs réelles du bruit dans le circuit. Théoriquement, le bruit blanc a un temps de corrélation nul, une densité spectrale de puissance de bruit constante et une covariance qui tend vers l'infini. Le module du générateur de bruit thermique proposé est indiqué dans la figure 3.5-a. Le bloc de bruit blanc à bande limitée génère des séquences aléatoires avec un temps de corrélation plus petite que la plus courte constante de temps du système [2]. Le bloc de gain est utilisé pour ajuster le niveau du bruit de fond dans le même rapport que celui du signal d'entrée. La figure 3.5-b présente un générateur de bruit thermique.

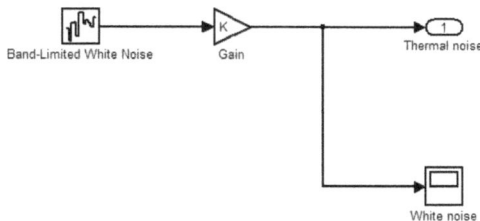

(a)

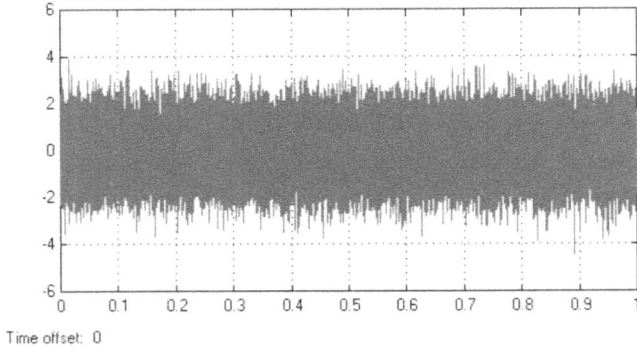

(b)

Figure 3. 5. *Simulation du bruit thermique : (a) Bloc du bruit thermique et (b) Réponse du générateur de bruit thermique.*

3.2. Bruit en 1/f

Etant donné que l'intégrateur possède une caractéristique similaire à celle du spectre de bruit en 1/f, nous utiliserons un bruit blanc intégré pour simuler le bruit de scintillement (1/f). Le modèle est représenté dans la figure 3.6-a. Comme nous le savons, le bruit de fréquence de coin d'un circuit CMOS est celle lorsque la fréquence de la densité spectrale de bruit en 1/f est égale à la densité spectrale de bruit thermique. Ainsi, dans ce modèle, il sera possible de régler la fréquence de coupure en ajustant le bloc de gain de bruit 1/f et les modules de bruit thermique. Le bruit de scintillement généré est montré sur la figure 3.6-b. Les spectres de bruit blanc et de bruit de scintillement sont représentés sur la figure 3.7. Dans ce cas, la fréquence de coupure est proche de 1kHz.

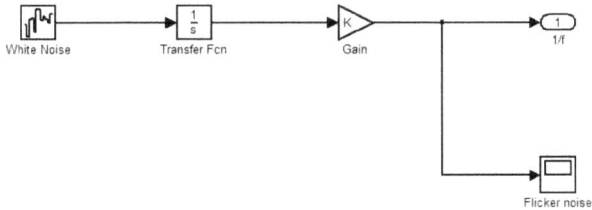

(a)

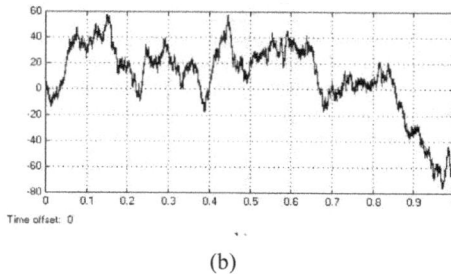

(b)

Figure 3. 6. *Simulation du bruit en 1/f : (a) Bloc du bruit en 1/f (b) Réponse du générateur de bruit en 1/f.*

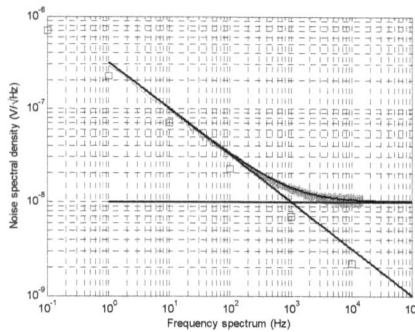

Figure 3. 7. *Spectre de bruit en 1/f et de bruit blanc.*

3.3. Bruit du à l'injection de charges

L'injection de charges de commutateurs CMOS dans le modulateur génère des pics de pointes qui conduisent à un écart résiduel en sortie. Pour évaluer la performance de la chaine Chopper, il est indispensable de simuler les phénomènes d'injection de charges dans le modèle comportemental proposé. La figure 3.8-a présente le module du simulateur d'injection de charges obtenue par un bloc dérivateur. Le Générateur de signal délivre une série d'impulsions de signal. Après avoir traversé le bloc dérivateur, une série des pics est générée ayant la même fréquence que le signal d'impulsion comme montré sur la figure 3.8-b. Le bloc d'ordre zéro est utilisé pour spécifier la constante de temps de chargement.

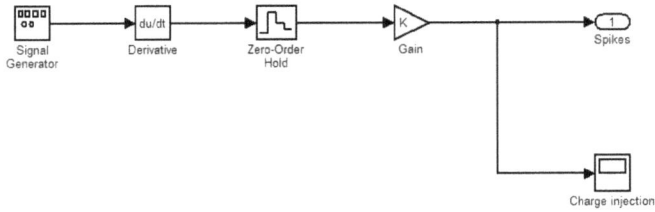

(a)

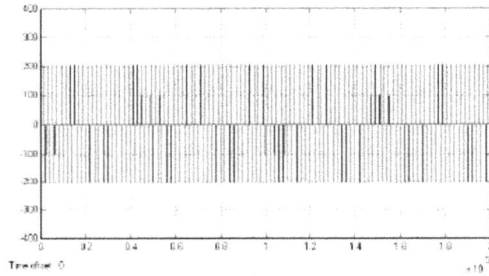

(b)

Figure 3. 8. *Bruit du à l'injection de charges : (a) Bloc d'injection de charges et (b) Réponse du générateur d'injection de charges.*

Afin d'évaluer les performances de bruit de la chaine Chopper, la puissance totale de bruit simulé à la sortie de chaque module doit être calculée avant de l'ajouter à la chaine pour connaître sa puissance. La puissance moyenne du bruit peut être trouvée en calculant l'intégrale :

$$P_{noise} = \frac{V_{n(rms)}^2}{1\Omega} = V_{n(rms)}^2 = \frac{1}{T}\int_0^T V_n^2(t)dt \tag{3.2}$$

L'équation est réalisée par un module de calcul de puissance de bruit, comme le montre la figure 3.9, où u (1) représente la variable d'entrée de la fonction.

Une caractéristique majeure du modèle comportemental est qu'il peut facilement simuler les effets des non-idéalités des circuits, comme l'erreur de réglage entre la fréquence (f_{chop}) de l'horloge de modulation et la fréquence centrale (f_c) de l'amplificateur sélectif, le temps de retard des signaux des deux modulateurs… ces non-idéalités sont représentés par l'optimisation des certains paramètres du module ou en agissant sur la fonction de transfert.

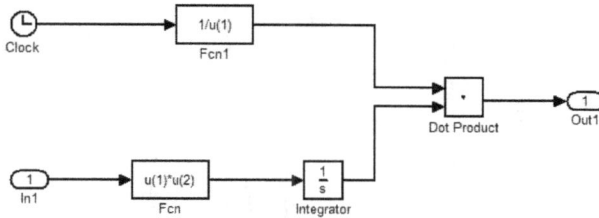

Figure 3. 9. *Bloc calculateur de puissance de bruit.*

4. Exemple de simulation

La figure 3.10 montre un exemple de simulation d'un modèle comportemental proposé. Supposons que l'entrée est un signal sinusoïdal avec une fréquence de 10kHz et une amplitude de 100µV. Les différentes sortes de bruits qui agissent sur le signal d'entrée comme le bruit thermique, le bruit de scintillation et l'injection de charges sont ajoutés. La sortie de la chaine Chopper, se compose de la somme du signal et des contributions de bruit.

En résumé, le modèle proposé utilise les blocs du logiciel SIMULINK® et des fonctions sur le logiciel MATLAB® pour simuler la réponse comportementale de la chaine Chopper. La modélisation comportementale est utilisée pour obtenir des informations sur les exigences de premier ordre et elle est très utile pour analyser les performances globales d'une chaine d'acquisition des données. Cette méthode nous permet d'effectuer des simulations exhaustives de la réponse comportementale de l'amplificateur Chopper. Ces simulations nous permettent de fixer le cahier des charges de la chaine Chopper qui sera utilisé pour analyser l'amplificateur Chopper comme indiqué dans la section suivante.

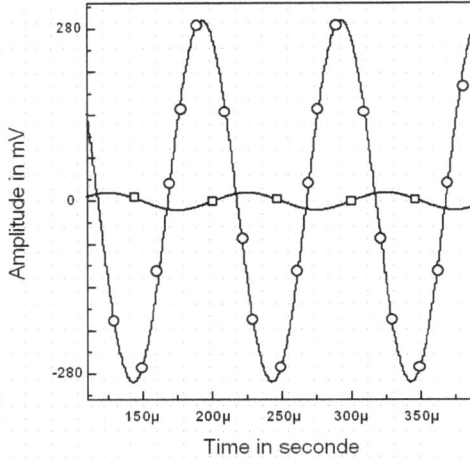

Figure 3. 10. *Résultat de simulation d'un modèle de la chaine Chopper.*

5. Caractéristiques de la chaine Chopper

La discussion approfondie sur le fonctionnement de la chaine Chopper a été présenté dans [3, 4]. Deux caractéristiques complémentaires de la chaine Chopper, qui sont le type de modulation et de l'amplificateur sélectif, peuvent être résumées comme suit pour une nouvelle compréhension de la chaine.

Le signal de la porteuse peut être représenté par:

$$y(t) = x(t).m(t) = \sum_{\substack{n=-\infty \\ odd}}^{\infty} \frac{2}{n\pi} x(t) \sin(\frac{2n\pi t}{T}) = \sum_{\substack{n=-\infty \\ odd}}^{\infty} A_n(t) \sin(\frac{2n\pi t}{T}) \qquad (3.3)$$

Où l'amplitude de porteuse $A_n(t)$ est en relation linéaire avec le signal d'entrée x(t). Dans ce cas, si $A_n(t)$ est proportionnelle au signal x(t) avec un coefficient de proportionnalité égal à $\frac{2}{n\pi}$, alors la modulation est nommé : modulation bande latérale double (ou double sideband SSD). Une propriété importante de la modulation SSD est que le signal du démodulateur doit être en phase et synchronisé en fréquence avec la porteuse à l'entrée [5].

La modulation SSD est un processus linéaire, car elle satisfait aux deux conditions de linéarité du système: la sommation et l'homogénéité. Mais, comme la sortie y(t) dépend également du signal de la porteuse m(t), elle ne satisfait pas la propriété d'un système avec un retard de temps invariable. Il n'est donc pas un système à temps linéaire invariant.

$$y(t - t_0) = x(t - t_0).m(t - t_0) \neq x(t - t_0).m(t) = \Im[x(t - t_0)] \tag{3.4}$$

Toutefois, dans l'amplificateur Chopper, le signal d'entrée passe à travers deux modulateurs et est filtré par un filtre passe-bas. Lorsque la bande passante de signal est limitée à la moitié de la fréquence du signal de modulation ou la porteuse, la sortie peut être exprimée comme suit:

$$y(t) = \Im_{LP}[m(t).x(t).m(t)] = \alpha.x(t) \tag{3.5}$$

Où α est un coefficient constant en termes de fréquence qui est indépendante du temps. Notons que la sortie ne sera pas liée au signal de la porteuse m(t). Ainsi, dans la bande passante limitée par $f_{sig} < \frac{1}{2} f_{mod}$, le Chopper se comporte comme un système quasi-linéaire.

Toutes les approches d'un système à temps linéaire invariant peuvent être utilisé pour analyser le traitement du signal dans le Chopper, mais nous ne pouvons pas les utiliser pour calculer les performances de bruit.

L'analyse de l'amplificateur Chopper dépend du type de l'amplificateur sélectif. Dans notre cas, un filtre passe-bande de deuxième ordre 2 est choisi comme amplificateur sélectif dont la fonction de transfert peut être exprimée comme suit:

$$G(f) = \frac{A.Q}{1 + jQ \dfrac{f^2 - f_c^2}{f.f_c}} \tag{3.6}$$

Où A désigne le gain de filtre, f_c est la fréquence centrale du filtre passe-bande, Q représente le facteur de qualité. Dans la partie suivante, l'amplificateur Chopper avec un filtre passe bande sélectif sera discuté en détail.

5.1. Synthèse du filtre passe bande

Le gabarit du gain du filtre est donné par la figure 3.11. L'atténuation spécifiée au double de la fréquence centrale permet d'éliminer les éventuels signaux de couplage entre le synthétiseur de fréquence et le capteur avec sa chaîne d'amplification. A ce gabarit d'amplitude du signal de sortie en fonction de la fréquence, s'ajoute une spécification sur la phase du signal de sortie à la fréquence centrale. Elle doit être égale à 0° à ±10°.

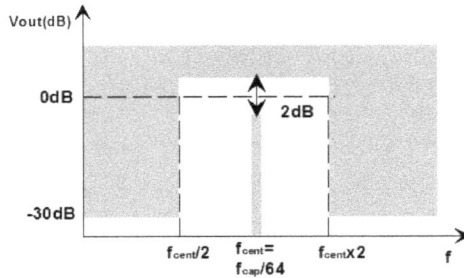

Figure 3. 11. *Gabarit du gain du filtre passe bande.*

Des outils de synthèse, permettant d'obtenir une fonction de transfert d'un filtre à partir de son gabarit, sont disponibles à la fois dans l'environnement MATLAB® (« Filter Design ToolBox ») et de Cadence®. Précisons que la fonction de transfert en « z » n'est réalisable en structure de Sallen et Key que si le filtre a une réponse impulsionnelle infinie.

Pour minimiser la surface du filtre, le nombre de sections du filtre doit être le plus petit possible. Si la bande passante est fixée à 40kHz, nous pouvons synthétiser ce filtre grâce à deux sections du second ordre de Sallen et Key.

Il faut noter que plus les atténuations fixées par le gabarit aux fréquences $f_{cent}/2$ et $2 \times f_{cent}$ sont grandes, plus l'ordre du filtre et donc le nombre de sections est élevé (et donc le nombre de sections aussi). Par contre, pour l'atténuation spécifiée (-30dB), la bande passante est fixée à une valeur inférieure à 40kHz, ainsi une seule section de Sallen et Key peut être utilisée.

Pour l'implémentation sur prototype, la bande passante retenue est de 40kHz. La figure 3.12 montre la réponse en fréquence du filtre obtenu pour un signal d'amplitude 1V en entrée.

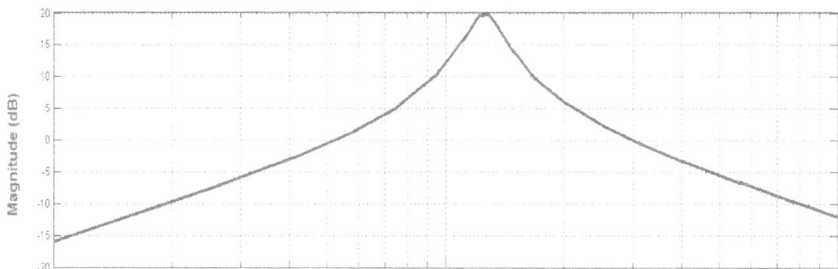

Figure 3. 12. *Réponse en fréquence normalisée du filtre passe bande synthétisé*

Où T représente la période du signal de modulation, t_0 désigne le temps de retard entre $m_1(t)$ et $m_2(t)$. Si les deux signaux de modulation $m_1(t)$ et $m_2(t)$ sont synchrones et si la fréquence du signal à l'entrée est limitée à la moitié de la fréquence de modulation alors le spectre du signal de sortie peut être calculé comme suit:

$$Y(f) = (\frac{2}{\pi})^2 X(f) \sum_{\substack{n=-\infty \\ nodd}}^{+\infty} \frac{1}{n^2} G(f - \frac{n}{T})$$ (3.7)

La fonction de transfert du Chopper peut être déduite de (3.8) et être réécrit en utilisant l'équation (3.7) comme suit :

$$H(f) = \frac{Y(f)}{X(f)} = (\frac{2}{\pi})^2 \sum_{\substack{n=-\infty \\ nodd}}^{+\infty} \frac{1}{n^2} G(f - \frac{n}{T}) = (\frac{2}{\pi})^2 \sum_{\substack{n=-\infty \\ nodd}}^{+\infty} \frac{1}{n^2} \cdot \frac{A.Q}{1 + jQ \dfrac{(fT-n)^2 - f_c T^2}{(fT-n).f_c T}}$$ (3.8)

Le résultat du calcul numérique de l'amplitude normalisée H(f) est représenté sur la figure 3,11, où la fréquence centrale f_c du filtre est égale à la fréquence de découpage ($f_c T = 1$). Notez que seulement la modulation et la démodulation introduisent un coefficient au signal de sortie. Le gain statique normalisé $(\frac{2}{\pi})^2 \sum_{\substack{n=-\infty \\ nodd}}^{+\infty} \dfrac{n^2}{n^2 + Q^2(n^2-1)^2}$ à peu près égal à

$2 \times (\frac{2}{\pi})^2 = 0.81$. Cela montre que le gain global de la chaine Chopper sera diminué d'environ de 20% par rapport au gain initial en raison de l'amplificateur sélectif qui a rejeté la plupart des harmoniques supérieures. Ceci est vérifié par le résultat de simulation du modèle comportemental (voir figure 3.10). La bande passante du signal est égale à $f_c/2Q$ et la puissance du signal de sortie S_0 est donc donnée par :

$$S_o(f) = \left| H(f)^2 \right| S_i(f) = (\frac{8}{\pi^2})^2 S_i(f) \left| \sum_{\substack{n=-\infty \\ nodd}}^{+\infty} \frac{1}{n^2} \cdot \frac{1}{1 + jQ. \dfrac{(fT-n)^2 - f_c T^2}{(fT-n).f_c T}} \right|^2$$ (3.9)

6. Conception en technologie CMOS

Une des propriétés les plus importantes que possède le transistor MOS, quand il s'agit de concevoir un amplificateur à basse tension, est la tension grille-source, car elle détermine la tension d'alimentation minimum à laquelle l'amplificateur est capable d'opérer. La transconductance est associée à cette tension grille-source. Etant donné que le transistor MOS est un composant dépendant de la tension, la transconductance nécessaire détermine la tension grille-source du transistor.

6.1. Fonctionnement du transistor MOS et ces caractéristiques Courant-Tension [6]

Le transistor MOS peut fonctionner suivant trois régimes :
-régime de forte inversion
-régime de faible inversion
-régime d'inversion modérée

❖ Régime de forte inversion

Le transistor MOS est dit opérant en région à forte inversion si sa tension grille-source est plus grande que sa tension seuil. Dans ce régime, le transistor est saturé quand :

$$v_{ds} > v_{gs} - v_T \qquad (3.10)$$

Où V_{ds} et V_T sont, respectivement, la tension grille-source et la tension seuil. Dans la pratique de conception d'amplificateur opérationnel, presque tous les transistors sont polarisés en régime de saturation, car ceci fournit le plus grand gain en tension pour un courant drain-source donné et pour une géométrie de composant donnée.

Pour déterminer la tension grille-source totale d'un transistor CMOS, nous pouvons la diviser en deux parties, la tension seuil et la tension grille-source effective qui traverse le transistor. Dès lors, nous avons la relation suivante :

$$v_{gs} = v_T + v_{gs.eff} \qquad (3.11)$$

Pour les circuits analogiques à basse tension, la plupart des transistors opèrent à la limite de la région de saturation. Dans ce cas, la relation entre le courant drain-source I_{ds} et la tension grille-source V_{gs} s'exprime de la façon suivante :

$$I_{ds} = \frac{1}{2} \mu C_{ox} \frac{W}{L} V_{gs,eff}^2 \qquad (3.12)$$

Où µ est la mobilité des porteurs de charge, C_{ox} est la capacité d'oxyde par unité de surface. W et L sont, respectivement, la largeur et la longueur du canal du transistor.

La transconductance est un paramètre clé du transistor MOS à petit signal. Nous pouvons la déterminer en calculant la dérivée partielle du courant drain-source du transistor par rapport à la tension grille-source. Si nous utilisons l'équation (3.14), nous obtenons :

$$g_m = \frac{\partial I_{ds}}{\partial V_{gs}} = \mu C_{ox} \frac{W}{L} V_{gs,eff} = \sqrt{2\mu C_{ox} \frac{W}{L} I_{ds}} \qquad (3.13)$$

La transconductance g_m d'un transistor opérant en régime de forte inversion peut également s'écrire de la manière suivante :

$$g_m = \frac{2I_{ds}}{V_{gs,eff}} \qquad (3.14)$$

Ce qui est immédiatement déduit de l'équation (1.15).

L'équation (1.16) montre que la transconductance d'un transistor MOS est déterminée par sa tension grille-source effective.

❖ Régime de faible inversion

Le transistor MOS opère en régime de faible inversion, ou sous-seuil, quand sa tension grille-source est au dessous de sa tension seuil :

$$v_{gs} < v_T \qquad (3.15)$$

La transconductance d'un transistor MOS opérant en faible inversion est donnée par l'équation suivante :

$$g_m = \frac{I_{ds}}{nV_t} \qquad (3.16)$$

Où V_t est la tension thermique KT/q et n est le facteur de la pente en faible inversion.

Nous pouvons déduire de cette formule que le g_m d'un transistor MOS opérant en faible inversion ne dépend que du courant drain-source. Si le transistor nécessite une transconductance plus large, par exemple pour accomplir certaines performances à haute fréquence, le courant drain du transistor doit être augmenté. Cependant, si le courant drain-source est trop élevé, le transistor va se trouver en régime de forte inversion, sauf si nous augmentons le rapport W/L, mais cela n'est pas toujours possible. La raison la plus fréquente est la bande passante, car l'augmentation de la taille du transistor implique l'augmentation des capacités parasites du composant.

❖ Régime d'inversion modérée

En pratique, la transition entre régimes d'inversion faible et forte se fait de manière douce et non abrupte. C'est ce que l'on appelle une transition modérée. Par approximation, la région en inversion modérée étend les courants drain-source I_{ds} entre [8][9] :

$$\frac{1}{8} I_s < I_{ds} < 8 I_s \qquad (3.17)$$

Pour cette région d'opération, les équations analytiques simples ne sont pas valides. Cependant, il est conseillé d'utiliser des simulations par ordinateur, quand le transistor fonctionne dans cette région.

7. Simulation de la chaine Chopper sous Cadence® Virtuoso®

La chaine Chopper a d'abord été décrite en langage comportemental sous MATLAB®/SIMULINK® pour ensuite être implémenté grâce aux outils de conception numérique Spectre® de Cadence®. Des analyses DC, AC, Transitoires, PSS, PNOISE et PAC de Spectre®RF ont été faites pour étudier au niveau transistors les différents circuits qui forment la chaine Chopper et voir ses performances statique et dynamique. Ces analyses nous permettent aussi de faire une étude du bruit de toute la chaine.

7.1. Le modulateur

Le mélangeur actif est depuis toujours le plus utilisé dans les structures de réception radiofréquences et hyperfréquences. Cependant, ces dernières années, avec l'apparition des technologies purement CMOS fonctionnant sous faible tension d'alimentation, le mélangeur passif prend de plus en plus d'importance. De façon générale nous pouvons dire que le gain et le besoin d'une faible excursion du signal de commande sont les avantages principaux d'un mélangeur actif alors qu'un mélangeur passif sera plus avantageux de par son faible bruit en 1/f et sa bonne linéarité [10][11]. Le but de ce paragraphe est de justifier la configuration optimale pour notre application.

❖ Modulateur actif [12]

La structure de base est celle du mélangeur de Gilbert [13]. Le schéma simplifié d'une telle architecture est représenté sur la figure 3.13.

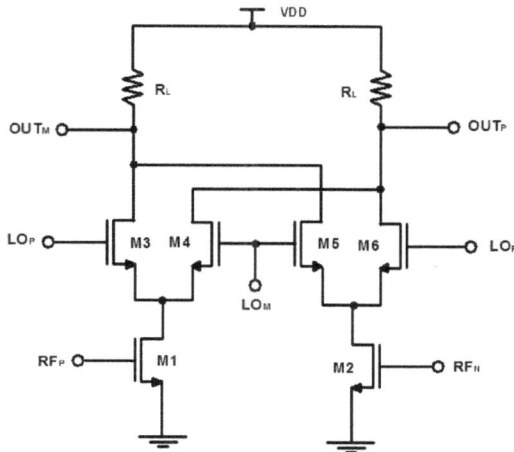

Figure 3. 13. *Schéma du mélangeur actif de Gilbert avec RF : signal d'entré, LO : signal d'oscillateur et OUT : signal de sortie.*

Pour notre application, utilisant une fréquence intermédiaire de 10kHz et une bande passante totale de 210kHz, la sensibilité au bruit en 1/f est limitée. De plus les spécifications de linéarité n'étant pas trop élevées, un mélangeur actif peut tout à fait être envisagé.

Pour effectuer une réjection d'image et la séparation des voies inverseuses et non inverseuses, nous connectons deux structures identiques à celle de la figure 3.13 en sortie du capteur.

Configuré pour notre application, le principal inconvénient de ce mélangeur est sa dynamique de sortie limitée par la faible tension d'alimentation et une importante consommation en courant. A titre d'exemple, pour mettre en évidence ces problèmes, nous allons proposer un dimensionnement rapide à partir des spécifications définies ci-dessous :

• Point de compression à 1dB : -22dBm

• Gain en sortie du mélangeur : 18dBv/dBm

• Consommation en courant : 500µA

Les deux premiers points fixent la dynamique de sortie du mélangeur à -4dBv. Cette valeur correspond à une tension référencée à la masse de 315mV, qui conduit à une valeur de la tension de polarisation en sortie du mélangeur de : $V(OUT_M) = VDD_A - 0.315 \approx 1V$. La consommation de courant de 500µA (voies inverseuses et non-inverseuses) implique, en prenant une marge, un courant de 100µA par branche de sortie. La résistance de charge peut donc être calculée: R_L=0.315/100=3.5kΩ

Les transistors d'entrée (M1 et M2) doivent présenter une transconductance g_m faible pour minimiser le bruit. A partir du niveau du courant de polarisation défini précédemment et de la contrainte qu'une faible capacité de charge doit être présentée aux entrées de l'amplificateur, les dimensions adoptées pour ces deux transistors sont les suivantes : W=2µm et L= 0.2µm.

Si nous considérons une connexion directe avec l'amplificateur, le dimensionnement du mélangeur ainsi effectué permet d'obtenir les performances décrites dans le Tableau 3.1.

Ces dernières montrent que l'intérêt d'utiliser un mélangeur actif est ici très limité. En effet, respecter le point de compression spécifié impose une faible valeur du gain de conversion (<2dB) et donc une contrainte sur le dimensionnement des transistors d'entrée (M1 et M2) non optimales pour le bruit et le déséquilibre de la tension d'entrée. Dans ces conditions, une configuration passive pour le mélangeur peut s'avérer plus intéressante.

Tableau 3. 1. *Performances de la solution mélangeur actif.*

Paramètres	Valeurs	Unités
Gain du mélangeur	1.6	dBv/dBv
Gain total	18	dBv/dBm
NF total	5.4	dB
ICP1	-23	dBm
IIP3 2.5	-13	dBm
Déséquilibre de gain à 3σ	2.5	%

❖ Modulateur passif [12]

Un mélangeur passif doublement équilibré est composé uniquement de quatre transistors fonctionnant en interrupteur. Pour fonctionner dans un mode en tension, le mélangeur doit être chargé par une impédance élevée par rapport à l'impédance présente sur son entrée.

Une architecture simple permettant de réaliser un récepteur utilisant un tel mélangeur est décrite sur la figure 3.14. Il est composé de quatre transistors fonctionnant en interrupteurs et caractérisés par leur résistance à l'état passant : r_{ON}.

La capacité de charge CM permet de réaliser un filtre passe bas avec l'impédance de sortie de l'étage précédant le mélangeur (Z_{OUT_LNA}). Ce premier filtrage permet de réduire la dynamique des étages suivants. Dans un mode de fonctionnement en tension, la valeur de r_{ON}

est moins déterminante pour la valeur du gain et les transistors peuvent ainsi être de petites dimensions. Par contre, il faut s'assurer de leur commutation complète dans tout les cas du procédé technologique, de température et de tension d'alimentation. Pour cela, la tension maximale du signal de l'oscillateur LO (V_{LO}) doit être supérieure à la somme de la tension de polarisation de la source et du drain des transistors (V_{CM}), de l'excursion de tension du signal de l'entrée RF (V_{RF}), et de la tension $V_{GS}(ON)$ nécessaire à la conduction des transistors ($V_{LO} > V_{CM} + V_{RF} + V_{GS}(ON)$) (figure 3.15). Lors de la conception, une attention particulière doit donc être portée sur ce point.

Par ailleurs, un mélangeur passif commandé classiquement par un signal d'oscillateur LO carré de rapport cyclique 1/2 présente des pertes [13][14]. Le signal de sortie sans filtrage correspond au signal d'entrée RF redressé. Son niveau statique (V_{if}) correspond à la moyenne d'une sinusoïde pendant une demi-période :

$$V_{IF} = V_{RF} \frac{2}{T} \int_0^{T/2} \sin\left(\frac{2\pi}{T} . t\right) dt = V_{RF} . \frac{2}{\pi} \qquad (3.18)$$

Les avantages d'un mélangeur passif sont son fonctionnement à faible consommation (pas de courant de polarisation), son faible bruit en 1/f et sa bonne linéarité. En contre partie, il présente des pertes de conversion qui sont souvent supérieures à 4dB [15].

Comme nous avons vue dans le chapitre précédent, Pour réduire l'offset dû à l'intégration de la charge du canal q_{injs} injectée dans la capacité de mémorisation C_h, nous allons placer des transistors "fantômes" de chaque côté de l'interrupteur en inversion de phase avec ce dernier comme l'illustre la figure 3.16. Avec des fronts d'horloges rapides, le partage de la charge du canal devient indépendant des impédances. Ainsi, en dimensionnant les transistors "fantômes" avec une surface WL égale à la moitié de celle de l'interrupteur, ils collectent chacun une charge $q_{dum} = q_{ch}/2$ et l'offset induit dans C_h est négligeable. Cette technique demande un soin tout particulier sur le dessin des masques de ces transistors et une gestion précise des horloges.

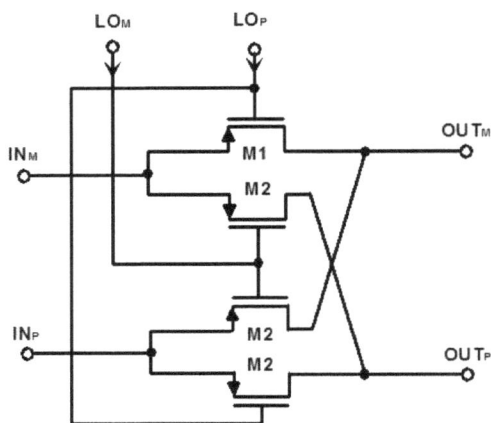

Figure 3. 14. *Schéma électrique d'un mélangeur passif.*

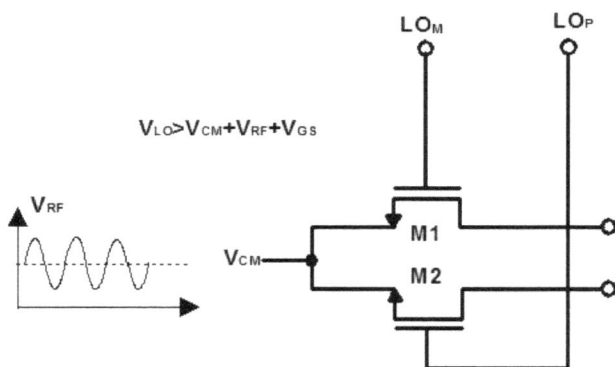

Figure 3. 15. *Condition de commutation des interrupteurs.*

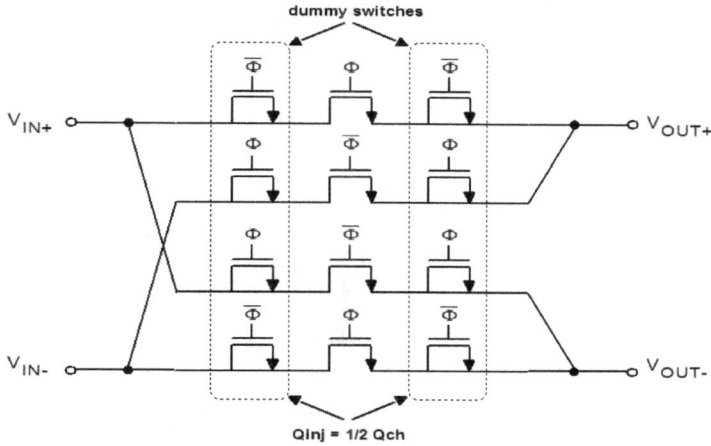

Figure 3. 16. *Architecture de réduction de l'offset dû à l'injection de charge du canal dans la capacité de mémorisation de la tension de correction.*

7.2. L'amplificateur

Nous allons étudier l'architecture d'un amplificateur à faible tension d'alimentation et de bruit de fond tout en présentant le fonctionnement de chaque étage de ce circuit.

7.2.1. La paire différentielle en technologie CMOS

La paire différentielle est l'élément de base pour l'acquisition de tension. Elle est formée de deux transistors identiques, connectés à une source de courant (figure 3.17). La plupart des amplificateurs intégrés ont une entrée différentielle, les paires différentielles transforment des différences de tensions en différences de courants.

Le modèle aux petits signaux à basse fréquence de la paire différentielle est montré sur la figure 3.18.

Pour simplifier l'analyse, nous ignorons l'impédance de sortie du transistor.

La transconductance de la paire différentielle est donnée sous la forme suivante :

$$g_m = \sqrt{\frac{W}{L}.\mu.C_{ox}.I_{OUT}} \qquad (3.19)$$

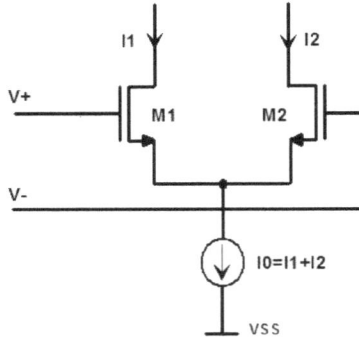

Figure 3. 17. *Une paire différentielle à transistor MOS.*

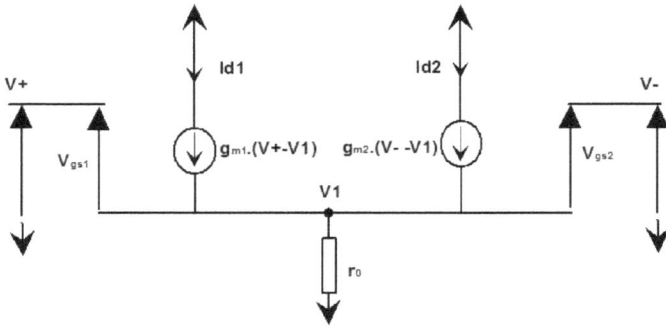

Figure 3. 18. *Le modèle aux petits signaux d'une paire différentielle à transistor MOS.*

Puisque les deux transistors M_1 et M_2 ont les mêmes courants de polarisation et $g_{m1}=g_{m2}$, donc nous avons :

$$i_{d1} = \frac{g_{m1}}{2} . V_{MD} \tag{3.20}$$

Aussi, puisque $i_{d2}=i_{s2}=-i_{d1}$ nous trouvons :

$$i_{d2} = -\frac{g_{m1}}{2} . V_{MD} \tag{3.21}$$

Finalement, en définissant le courant de sortie différentielle

$$I_{out} = I_{d1} - I_{d2} = g_m.(V_+ - V_-) \qquad (3.22)$$

Alors nous obtenons le rapport suivant :

$$I_{out} = g_{m1}.V_{MD} \qquad (3.23)$$

Le circuit de la figure 3.19 est typiquement utilisé comme le premier étage de gain d'un amplificateur à deux étages dans lequel la paire différentielle d'entrée est réalisée en utilisant un transistor NMOS et la charge active est réalisée à l'aide des transistors PMOS [16].

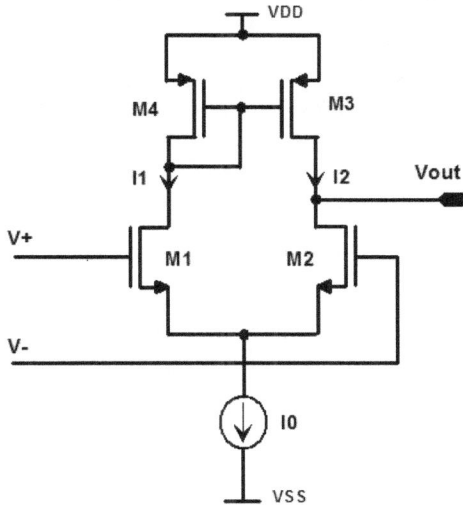

Figure 3. 19. *Paire différentielle avec une charge active.*

S'il y a également une charge capacitive C_L, nous obtenons :

$$A_V = g_{m1}.Z_{out} \qquad (3.24)$$

Avec :

$$Z_{out} = r_{out} // \frac{1}{sCL} \qquad (3.25)$$

L'évaluation de la résistance de sortie r_{out} est déterminée en utilisant le circuit équivalent aux petits signaux en appliquant la tension au nœud de sortie, comme il est montré sur la figure 3.20.

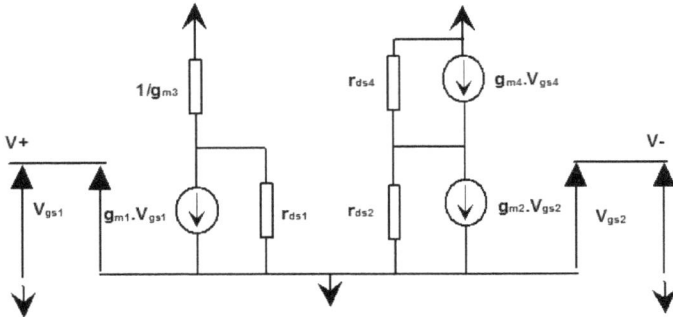

Figure 3. 20. *Modèles aux petits signaux pour le calcul de la résistance de sortie de la paire différentielle.*

Dans ce modèle, r_{out} est donnée par :

$$r_{out} = r_{ds2} / / r_{ds4} \qquad (3.26)$$

Par conséquent, aux basses fréquences, le gain A_V est donné par :

$$A_V = g_{m1} \cdot \left(r_{ds2} / / r_{ds4} \right) \qquad (3.27)$$

7.2.2. Amplificateur Opérationnel à Transconductance (OTA)

L'amplificateur opérationnel est un bloc fondamental dans la conception des circuits intégrés analogiques et mixtes. L'amplificateur Opérationnel à Transconductance (OTA) est fondamentalement un amplificateur opérationnel sans buffer de sortie. Un OTA sans buffer est utilisé seulement avec les charges capacitives. Idéalement, un amplificateur opérationnel a un gain différentiel en tension infini, une impédance d'entrée infinie et une impédance de sortie nulle.

Nous allons présenter les différentes architectures de base d'un OTA les plus utilisées.

❖ OTA à un seul étage

Cette configuration est montrée sur la figure 3.21. C'est la configuration d'OTA la plus simple. Sa vitesse peut être très haute.

Nous pouvons considérer la cellule différentielle simple comme une architecture de base pour réaliser un intégrateur Gm-C. Cette dernière, qui a été étudiée comme un élément pouvant servir à la réalisation de filtres [17], sert normalement d'étage d'entrée dans la plupart des amplificateurs opérationnels [18].

Il est possible de modifier la transconductance en variant la tension de polarisation V_{bias} pour affecter la tension de grille à source v_{gs1} et v_{gs2} tel que décrit par l'équation 3.30 (les transistors N_1 et N_2 ayant les mêmes dimensions).

$$G_m = \frac{i_0}{v_{in+} - v_{in-}} = \mu_n C_{ox} \frac{W_{N1}}{L_{N1}} \left(v_{gs} - v_{tn} \right)$$

(3.28)

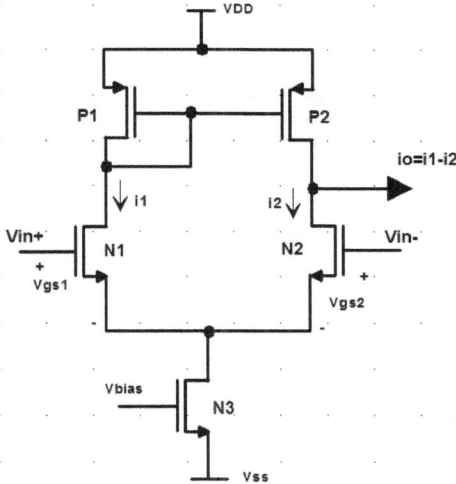

Figure 3. 21. *OTA avec un seul étage.*

Le problème principal de ce circuit, qui pourtant offre une bonne linéarité, est qu'il possède une impédance de sortie n'est pas très forte. Cette dernière est équivalente à seulement quelques centaines de kilo Ohms, puisqu'elle provient des résistances drain-source (r_{ds}) des transistors N_2 et P_2 mises en parallèle. Une fois la charge ajoutée, le circuit est loin d'offrir un comportement d'intégrateur idéal [19]. Les inconvénients de cette configuration sont un bas gain et une basse impédance de sortie.

❖ OTA à deux étages

Nous ajoutons un autre étage à l'OTA simple étage pour obtenir un amplificateur à deux étages sur la figure 3.22. Cette modification augmente le gain et l'impédance de sortie et le système devient plus complexe. La complexité du montage agit sur la réduction de la vitesse de l'OTA. Le circuit de compensation RC est également inclus pour assurer la stabilité du système. La figure 3.23 présente le gain et la phase de l'OTA à deux étages.

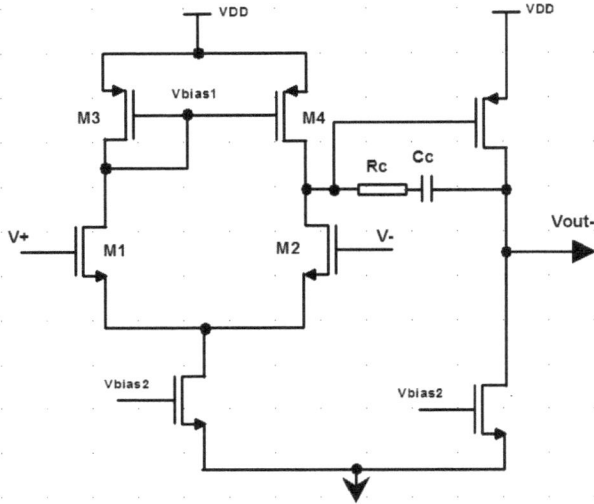

Figure 3. 22. *OTA à deux étages.*

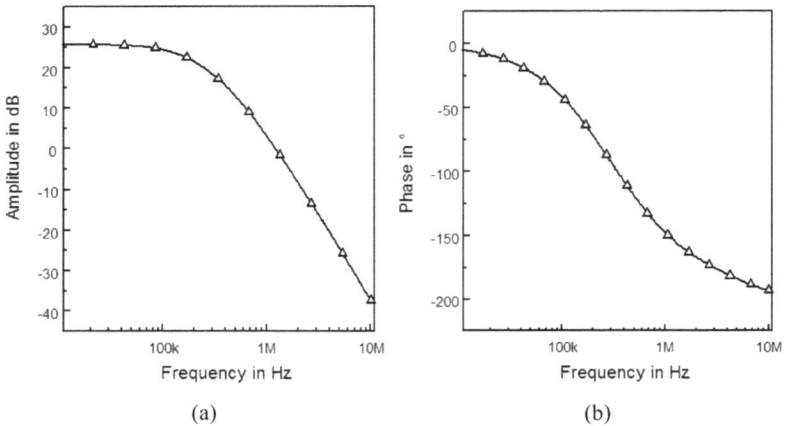

(a)   (b)

Figure 3. 23. *Réponse en fréquence normalisée de l'OTA-Miller : (a) courbe de gain (b) : courbe de phase*

❖ OTA télescopique cascode

Cette configuration est montrée sur la figure 3.24. La raison pour laquelle le gain de l'OTA à un seul étage est bas est que son impédance de sortie est basse. Pour augmenter l'impédance de sortie, nous ajoutons quelques transistors afin d'obtenir une sortie cascode.

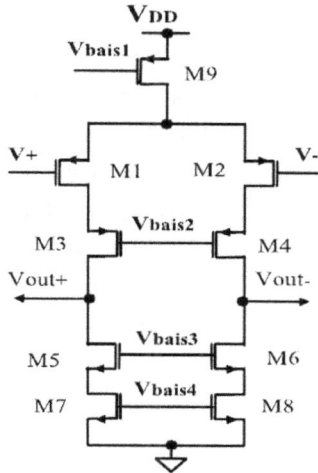

Figure 3. 24. *OTA télescopique cascode.*

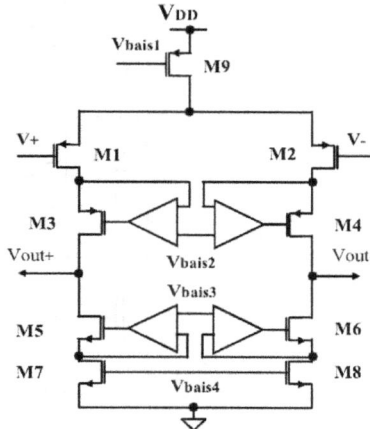

Figure 3. 25. *OTA cascode régulé.*

❖ OTA cascode régulé

Cette configuration est montrée sur la figure 3.25. Cette structure peut être utilisée pour augmenter le gain en tension.

L'inconvénient de cette structure est que les amplificateurs supplémentaires pourraient réduire la vitesse de l'amplificateur global. Par conséquent, il devra être conçu pour avoir une grande largeur de bande passante.

❖ OTA cascode replié

La configuration cascode replié est montrée sur la figure 3.26. L'amplificateur cascode replié est un compromis entre l'amplificateur à deux étages et l'amplificateur télescopique cascode. Il est caractérisé par un gain inferieur au gain de l'amplificateur à deux étages et sa vitesse est inférieure à la vitesse de l'amplificateur télescopique cascode [20].

Afin de remédier aux problèmes associés à l'impédance de sortie insuffisante de la cellule différentielle simple, un étage de sortie folded-cascode a été ajouté pour former un amplificateur de transconductance opérationnel OTA [19].

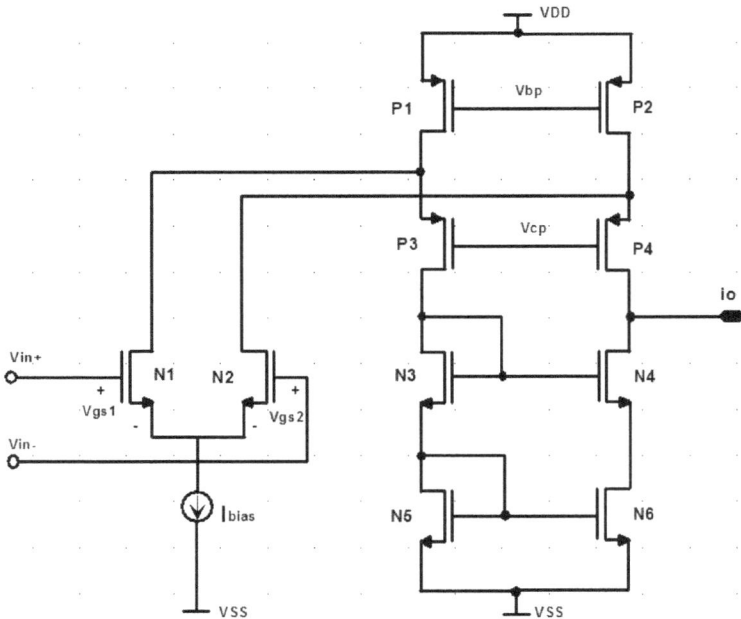

Figure 3. 26. *OTA cascode replié.*

L'équation 3.31 montre que la transconductance totale du circuit dépend uniquement de l'étage d'entrée différentiel.

$$G_m = \frac{i_0}{v_{in+} - v_{in-}} = \mu_n C_{ox} \frac{W_N}{L_N} \left(v_{gs} - v_{tn} \right)$$ (3.29)

Avec $W_{N1} = W_{N2} = W_N$, $L_{N1} = L_{N2} = L_N$ et $v_{gs1} = v_{gs2} = v_{gs}$

Nous obtenons cette fois-ci un circuit ayant une impédance de sortie beaucoup plus élevée que celui décrit à la section précédente.

7.3. Nouvelle architecture d'une paire différentielle

Nous allons présenter une nouvelle méthodologie de conception de la paire différentielle complètement intégrable en technologie CMOS dans le but de minimiser sa consommation et d'augmenter son gain. La paire différentielle est l'élément de base pour l'acquisition de tensions. Elle est parmi les briques de base les plus importantes et beaucoup utilisée dans l'électronique (amplificateurs, mélangeurs, miroirs de courant, VCO…). Une paire différentielle CMOS est constituée de deux transistors MOS appairés, reliés par leur source. La polarisation est assurée par une source de courant statique Iref. Pour minimiser l'erreur d'appariement, les deux transistors sont généralement polarisés en régime saturé fortement inversé.

Pour augmenter la linéarité de la paire différentielle, il faut prendre une valeur de courant qui passe dans chaque branche suffisamment élevée. De même, pour augmenter le gain, il faut augmenter la longueur W des transistors de la paire. Le but recherché est de réduire au maximum la consommation d'énergie et d'améliorer le gain de la paire différentielle. Nous avons développé une nouvelle idée permettant de minimiser la consommation et d'améliorer le gain de la paire différentielle. La configuration d'une paire différentielle simple est présentée sur la figure 3.27 et le circuit de la nouvelle paire différentielle est présenté sur la figure 3.28. Le tableau 3.2 présente la comparaison entre les deux architectures. D'après les résultats de simulation, la nouvelle architecture de la paire différentielle permet de minimiser la consommation et d'améliorer le gain de l'amplificateur. Ce brevet est en cours de traitement et d'expertise. Il présente une nouvelle structure d'une paire différentielle CMOS, adaptée aux basses tensions d'alimentation et aux faibles consommations ainsi qu'un gain nettement supérieur à celui d'une paire différentielle classique. Cette structure est basée sur la nouvelle technique des transistors composites.

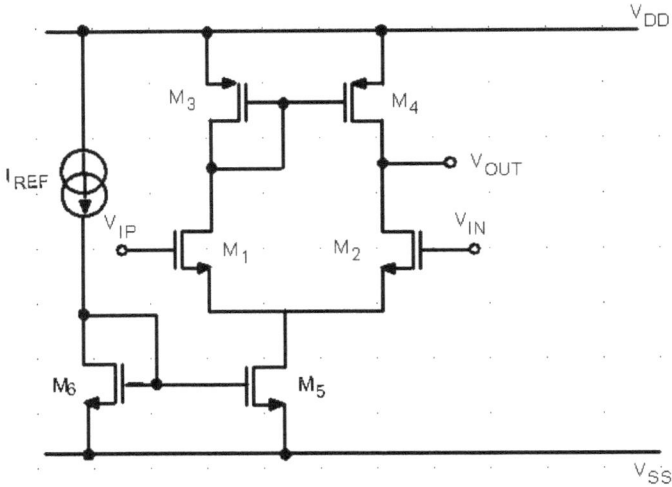

Figure 3. 27. *Paire différentielle classique.*

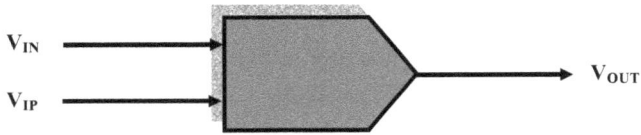

Figure 3. 28. *Nouvelle architecture de la paire différentielle.*

Tableau 3. 2. *Résultat de simulations*

	Gain (dB)	Consommation (µA)
Paire différentielle classique	44	800
Paire différentielle innovante	49	534

7.4. Le filtre passe bande sélectif

C'est un filtre passe bande de Sallen et Key. Il est constitué d'un OTA-Miller associé à une contre réaction passive comme présenté sur la figure 3.29. Une forte sélectivité peut être obtenue en jouant sur les valeurs de R et C. de plus, ce choix permet de régler la fréquence de coupure F_0 et le facteur de qualité indépendamment l'un de l'autre tout en gardant le gain du filtre constant. C'est le choix qui a été retenu.

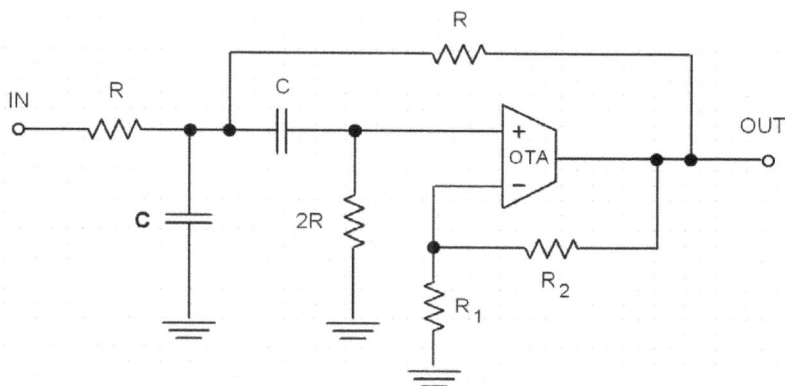

Figure 3. 29. *Filtre passe bande de Sallen et Key.*

Rappelons que le filtre passe bande de Sallen et Key a l'avantage d'être autocentré sur la fréquence du signal à mesurer grâce aux choix architecturaux qui ont été faits. Sa bande passante peut être aussi petite qu'il est souhaité si les valeurs de capacité et de résistances sont bien définies.

Notons que les simulations sont obtenues grâce à l'analyse PAC (« Periodic AC ») de l'outil SPECTRE®. Elles permettent d'obtenir la réponse AC d'un système qui est excité par un ou plusieurs signaux périodiques comme présenté sur la figure 3.30. Dans le cas de la simulation d'un filtre passe bande de Sallen et Key, ce signal est unique et il s'agit de signal d'entrée. L'analyse PAC, qui est « petit signal », n'est possible qu'après une analyse PSS (« Periodic Steady State »). L'analyse PSS permet d'obtenir la simulation du signal de sortie du filtre en régime transitoire classique établi. Il faut noter que ce type de simulation est beaucoup plus rapide qu'une analyse transitoire du filtre parce que le régime transitoire du filtre n'est pas simulé complètement. Notons que le régime transitoire d'un système est très long à simuler lorsqu'il existe un grand rapport de fréquence entre deux signaux d'entrée.

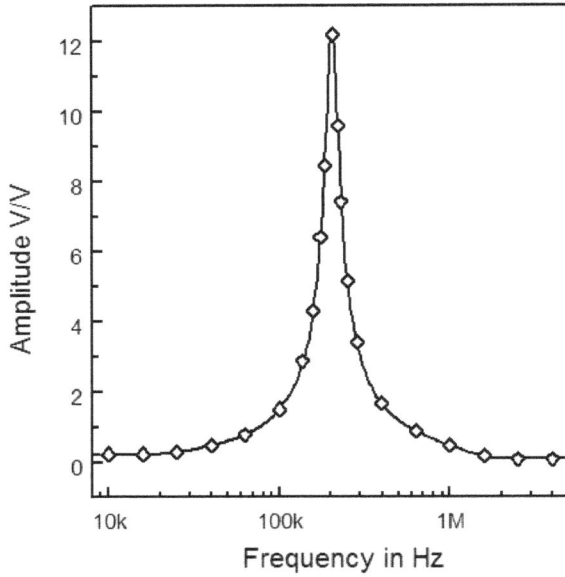

Figure 3. 30. *Réponse du filtre passe bande de Sallen et Key.*

❖ Le filtre passe bas

C'est un filtre passe bas de premier ordre à base d'une résistance et une capacité comme montré sur la figure 3.31. Les simulations sont obtenues grâce à l'analyse AC de l'outil SPECTRE®. Elles permettent d'obtenir la réponse AC du filtre sur la figure 3.32.

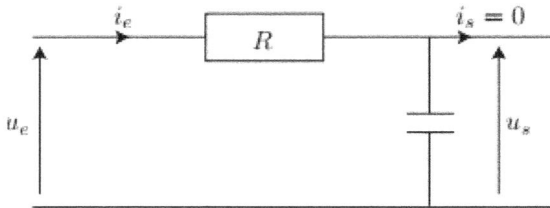

Figure 3. 31. *Filtre passe bas.*

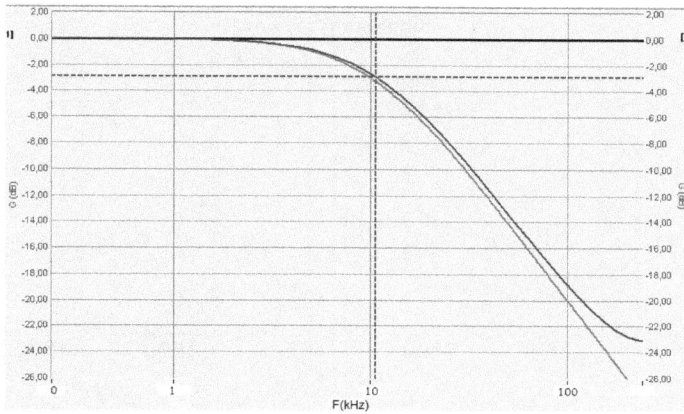

Figure 3. 32. *Réponse du filtre passe bas.*

7.5. L'oscillateur en anneau

L'oscillateur de la figure 3.33 est construit à partir d'une mise en cascade de cinq inverseurs CMOS. La sortie du dernier inverseur est bouclée sur l'entrée du premier inverseur. La figure 3.34 illustre la forme du signal de tension à la sortie de l'oscillateur.

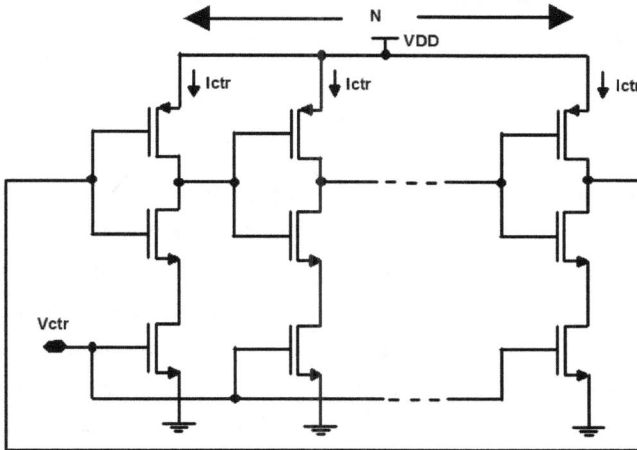

Figure 3. 33. *Schéma d'un oscillateur en anneaux réalisé par 5 inverseurs CMOS.*

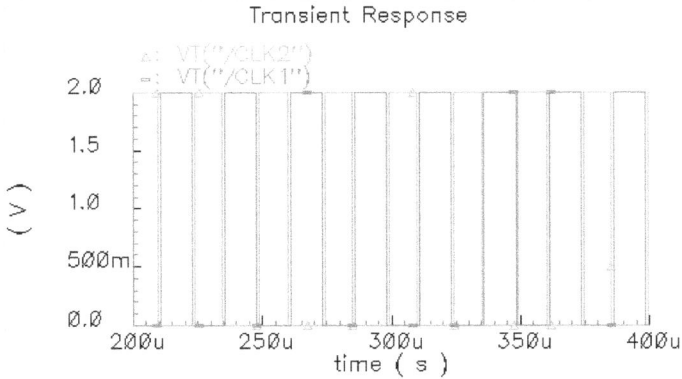

Figure 3. 34. *Forme du signal à la sortie d'un oscillateur en anneaux.*

7.6. La référence de tension

La topologie du circuit référence de tension conçu est présentée sur la figure 3.35. Le fonctionnement du circuit est semblable à une topologie CMOS classique, sauf qu'il ya une résistance R_3 supplémentaires à la sortie de la référence de tension en parallèle avec les résistances R_2 et B_3. La différence de tension ΔV_{EB} (Eq. 3.44) entre l'émetteur et la base des jonctions de B_1 et B_2 est obtenue en utilisant un rapport de 8 de surface d'émetteur et fixer l'égalité des courants à travers les deux composantes.

$$\Delta V_{EB} = V_{EB1} - V_{EB2} = \frac{kT}{q} \ln\left(\frac{j_1}{j_2}\right) \tag{3.30}$$

Où k est la constante de Boltzmann, q est la charge de l'électron, T est la température absolue et J_1 et J_2 sont les densités de courant des diodes polarisées. Un amplificateur opérationnel (constitué de transistors M_7-M_{11}) fixe les courants d'émetteur de B_1 et B_2 de façon égale ($M_1 = M_2$) puis la tension aux bornes de la résistance R1 devient ΔV_{EB}. Par conséquent, le courant circulant à travers R_1 et M_2 est proportionnelle à la température absolue. Cela provoque des courants qui traversent M_1 et M_3. La tension de sortie de la référence de tension est formée par la tension de l'amplificateur opérationnel, qui ajoute la tension émetteur-base V_{EB3}, qui a un coefficient de température négatif, à $K\Delta V_{EB}$, qui a un coefficient de température positif. Par conséquent, la tension de sortie V_{REF} est indépendante de la température (Eq. 3.45). C'est la technique de premier ordre de compensation de température pour le circuit de référence de tension.

$$V_{REF} = V_{EB3} + K\Delta V_{EB}$$ (3.31)

Où K est [5]:

$$K = \frac{V_{G0} + (m + \eta - 1)\frac{kT_0}{q} - V_{EB0-1}}{\frac{kT_0}{q}\ln\left(\frac{j_1}{j_2}\right)}$$ (3.32)

Dans l'équation (3.46) V_{G0} est la tension de bande interdite du silicium extrapolée à 0°K, m est une constante de température d'environ 2.3, $\eta = 2.2$ est un constant de correction due à la dépendance de température de n-canaux de résistances utilisées, T_0 est la température de référence, et V_{EB0-1} est la tension de jonction de B_1 à la température de référence. Dans la pratique, K définit le rapport des résistances R_2/R_1. Si une résistance R_3 est ajoutée à la sortie de la référence de tension, sa tension de sortie peut être écrite comme suit:

$$V_{REF} = \frac{R_3}{R_2 + R_3}(V_{EB3} + I_{M3}R_2)$$ (3.33)

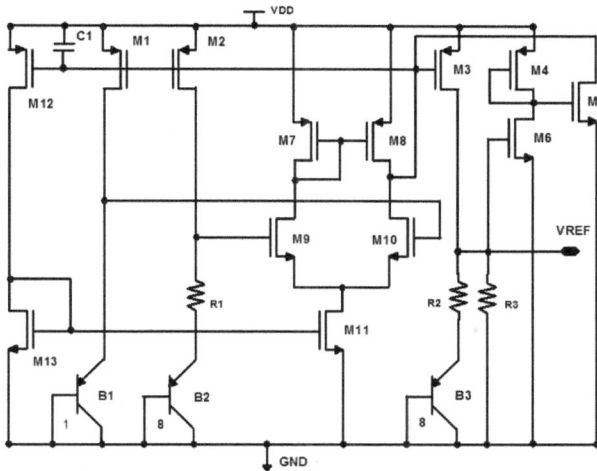

Figure 3. 35. *Circuit de la référence de tension.*

Tableau 3. 3. *Valeur des composants de la référence de tension.*

Component	Values (in μm)
M_1, M_2	250/7.5
M_3	500/7.5
M_4, M_5	2/10
M_6	2/5
M_7, M_8	25/7.5
M_9, M_{10}	25/4
M_{11}, M_{13}	20/4
M_{12}	50/7.5
B_1, B_2, B_3	Multiples of 10*10μm units
C_1	2 pF (Cpolyhc)
R_1	270 Ω (Rpolyhc)
R_2	10 kΩ (Rpolyhc)
R_3	15 kΩ (Rpolyhc)

Afin d'atteindre le fonctionnement à basse tension et à faible puissance, tous les Transistors MOS sont conçus pour fonctionner dans la zone faible inversion. La tension de seuil des transistors PMOS et NMOS dans le processus utilisés sont -0.65V et 0,5V, respectivement. Les composants B_1-B_2 sont des transistors bipolaires de type P connectés en diodes verticale, facilement disponibles dans les procédés CMOS standard. Les résistances R_1-R_3 sont mises en œuvre à l'aide des poly-résistances. L'amplificateur opérationnel est un OTA-Miller. L'étage d'entrée est réalisé avec des transistors NMOS car la tension d'entrée est plus proche de V_{DD} que de la masse. La sortie de l'amplificateur opérationnel est connectée à la grille des transistors M_1-M_3 et M_{12}. Les dimensions des transistors M_1-M_3 sont assez grandes pour minimiser le bruit en 1/f du circuit. Le rapport W/L de M_3 a été conçu deux fois plus grande que le rapport W/L de M_1 et M_2. Cela réduit la taille des résistances R_2 et R_3 de 50%. Il s'agit d'un compromis fait entre le courant consommé et la surface en silicium. Un circuit de démarrage a été ajouté à la conception pour assurer un bon fonctionnement du circuit. Le circuit de démarrage comprend des transistors

M_5-M_7, qui ont été polarisés dans la zone de faible inversion afin de minimiser leur effet sur la tension de référence lorsque le circuit est en train de la régler. La capacité C_1 est nécessaire pour stabiliser le circuit. C_1 réduit également la bande passante de l'amplificateur opérationnel entraînant ainsi une baisse de bruit. Les valeurs des composants sont présentées dans le tableau 3.3. Avec ces valeurs, la tension de sortie simulée est de 1V avec une température qui varie entre -20°C et 100°C avec une alimentation de 1.25V.

7.7. Simulation de la chaine Chopper sous Cadence® Virtuoso®

Toute l'électronique de la chaine d'amplification Chopper a été validée par des simulations transitoires, rendues possible grâce aux simulations mixtes sous Cadence®. L'électronique analogique est décrite par son schéma électrique au niveau transistor. Pour vérifier les performances de la chaîne d'amplification, les seules analyses de bruit que permettent les modèles de bruit de l'électronique sont spectrales. Puisque le filtre passe bande sélectif est à base d'un OTA-Miller avec un réseau de compensation R-C, il est possible d'utiliser l'analyse « petit signal » : NOISE. L'outil de simulation SPECTRE® permet alors de faire une analyse PNOISE de la chaîne d'amplification complète. Comme l'analyse PAC, elle permet une analyse « petit signal » d'un système qui a en entrée des signaux avec des fréquences différentes.

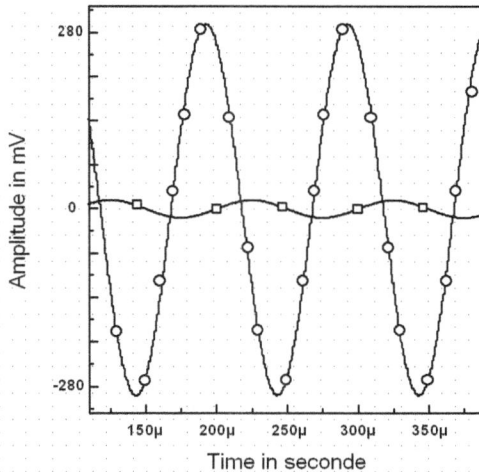

Figure 3. 36. *Signaux d'entrée et de sortie de la chaine Chopper.*

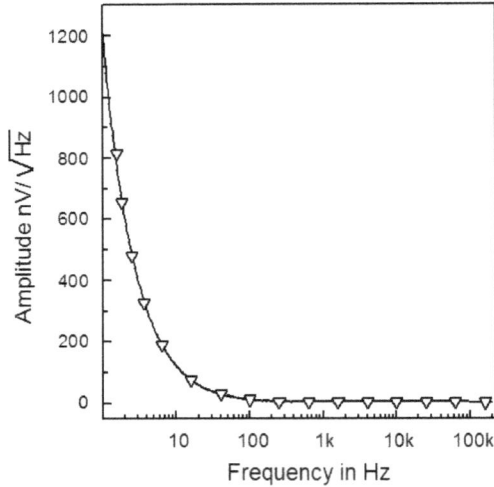

Figure 3. 37. *Densité spectrale de bruit de la chaine Chopper.*

Nous constatons que les résultats obtenus sont très satisfaisants tant au niveau de la consommation qu'au niveau de bruit. Nous présentons dans le tableau 3.4 les caractéristiques de l'OTA.

Tableau 3. 4. *Les caractéristiques de la chaine d'amplification Chopper d'après les résultats de simulation.*

Procédé de technologie	AMS CMOS 0.35µm
Tension d'alimentation (V)	2.5
Fréquence de l'horloge (kHz)	210
Gain DC (dB)	26.5
Bruit ($nV/\sqrt{Hz}$)	0.194
Puissance consommée (µW)	5

8. Conclusion

Pour analyser les caractéristiques de la chaine Chopper, nous avons introduit une nouvelle méthode de simulation qui utilise un modèle comportemental construit sur MATLAB®/SIMULINK®. Pour des considérations propres durant l'examen de la chaine Chopper, telles que la nature de l'amplificateur sélectif et les non idéalités du circuit dans la pratique, telles que la tension de décalage et le bruit en 1/f, ce modèle nous permet de les simuler et les analyser convenablement.

Ensuite, la chaine Chopper est totalement intégré en technologie AMS CMOS 0.35μm et la conception de chaque bloc de la chaine est décrite en détail. La faible tension d'alimentation et la plage d'entrée de mode commun sont réalisées en utilisant un modulateur passif et un OTA-Miller à faible bruit. Sa tension de décalage est optimisée au moyen d'un filtre passe-bande de deuxième ordre sélectif. Les hautes valeurs de CMRR de l'ordre de 120dB et de PSRR de l'ordre de 90dB sont obtenues en utilisant un OTA-Miller. L'ensemble de la chaine Chopper présente un faible bruit. Sa densité spectrale de puissance du bruit est égale à 45nV/sqrt(Hz).

Ce travail nous a permis de valider le bon fonctionnement de l'architecture retenue et de confirmer les performances attendues. La réalisation peut maintenant être envisagée. Dans le chapitre suivant qui porte sur la conception du circuit, l'architecture de l'ensemble sera validée en prenant en compte les imperfections des composants électroniques constituant la chaine.

Bibliographie

[1] Ferri G., De Laurentiis P., D'Amico A., Di Natale C.,"*A low voltage integrated CMOS analog lock in amplifier prototype for LAPS application*", Sensors and Actuators A92, 2001, p. 263-272.

[2] SIMULINK® and MATLAB® User's Guides, The MathWorks, Inc., 1997.

[3] Enz C.C., Temes G.C.,"*Circuit Techniques for Reducing the Effects of Op-Amp Imperfections: Autozeroing, Correlated Double Sampling, and Chopper Stabilization*", Proceedings of the IEEE. Vol. 84. pp. 1584-1614 November 1996.

[4] Menolfi C., Huang Q.,"*A Low-Noise CMOS Instrumentation Amplifier for Thermoelectric Infrared Detectors*" , IEEE J. Solid-State Circ. Vol. 32, pp. 968-976, July 1997.

[5] Hwei P.Hsu.,"*Theory and Problems of Analog and Digital Communication*", McGRAW-HILL, INC. 1993.

[6] Philip E. Allen and Douglas R. Holberg.,"*CMOS Analog Circuit Design*", Oxford University Press Inc., Second Edition, 2007.

[7] Vittoz E.A.,"*Low-power low-voltage limitations and prospects in analog design,*" CSEM, Swiss Center for Electronics and Microtechnology, 1994.

[8] Bult K. ,"*Analog CMOS square-law circuits,*" Ph.D. dissertation, Univ. of Twente, Enschede, The Netherlands, Jan. 1988.

[9] Wiegerink R. J.,"*Analysis and synthesis of MOS translinear circuits*", PhD thesis, Twente University of Technology, Enschede, 1992.

[10] Vladimir K. et al.,"*A direct conversion CMOS front-end for 2.4GHz band of IEEE 802.15.4 standard*", in Proc. IEEE Asian Solid-State Circuits Conf. Nov. 2005, pp.449-451.

[11] Sining Zhou et Mau-Chung Frank. Chang,"*A CMOS passive mixer with low flicker noise for low-power direct-conversion receiver*", IEEE journal of Solid-State Circuits. vol. 40, no. 5, May 2005.

[12] Camus Manuel,"*Architecture de réception RF très faible coût et très faible puissance. Application aux réseaux de capteurs et au standard ZigBee*", Thèse de doctorat, Université Paul Sabatier, Toulouse III. Novembre 2008.

[13] Lee Thomas H."*The Design of CMOS Radio-Frequency Integrated Citrcuits*", Cambridge University Press, 1998.

[14] Mario Valla, et al.,"*A 72-mW CMOS 802.11a direct Conversion Front-End with 3.5-dB NF and 200-kHz 1/f Noise Corner*", IEEE journal of Solid-State Circuits. vol. 40, no. 4, April 2005.

[15] Chantepie Benoit,"*Étude et réalisation d'une électronique rapide à bas bruit pour un détecteur de rayons X à pixels hybrides destiné à l'imagerie du petit animal*", Thèse de doctorat, Université de la mediterranée Aix-Marseille II. Décembre 2008.

[16] Toumazou C., Lidgey F. J., Haigh D. G.,"*Analog IC Design: The Current Mode Approach*", Peter Peregrinus, Edit 1990.

[17] Klumperink E. A. M., Bruccoleri F., Nautta Finding B.,"*All Elementary Circuits Exploiting Transconductance*", IEEE transaction on Circuits and Systems, Part II , Vol. 48, No. 11, 2001, pp. 1039-1053.

[18] Bruun E.,"*CMOS technology and current-feedback op-amps*", Circuits and Systems, 1993., ISCAS '93, 1993 IEEE International Symposium on , 3-6 May 1993 , pp. 1062 - 1065 vol.2.

[19] Gilbert B.,"*Analog IC design : Current-mode circuits from a translinear viewpoint : A tutorial*", Ed. C. Toumazou, F.J Lidjey & D.G. haigh, Peter Pereginus Ltd, London 1990.

[20] Bilotti A., Monreal G.,"*Chopper-Stabilized Amplifiers with a Track-and-Hold Signal Demodulator*", IEEE Transactions on Circuits and Systems, vol. 46, pp. 490-495, Apr. 1999

Chapitre IV :

Simulation et test de l'amplificateur faible bruit

1. Introduction

L'étape de dessin des masques est l'étape la plus longue et la plus difficile pour la conception des circuits intégrés. Puisque le dimensionnement des composants élémentaires est critique, il convient de les réaliser le plus fidèlement possible. Le dessin des masques d'un circuit analogique doit donc être extrêmement précis. Cette précision concernera les dimensions effectives des composants mais aussi leur appariement qui, comme nous le verrons, tient souvent une place importante dans le dessin [1]. Par ailleurs, les défauts de fabrication ou les parasites altèrent les performances finales. Ces imperfections dépendent notamment de la qualité du dessin des masques et doivent être prises en compte pendant le dimensionnement pour atteindre les performances désirées [2].

2. Les étapes de génération d'un circuit

Le cycle de conception d'un dessin des masques commence par la définition du schéma d'un circuit, pour pouvoir réaliser ce dessin des masques. Nous allons voir maintenant les différentes étapes de la génération d'un circuit. La génération se fait en quatre étapes comme montré sur la figure 4.1 suivante :

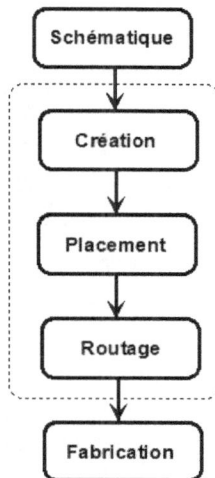

Figure 4. 1. *Les étapes de génération d'un circuit.*

2.1. Création

La première étape est d'établir les caractéristiques du système à concevoir. Ceci nécessite la création d'une représentation de niveau élevé du système. Les facteurs à considérer dans ce processus incluent la performance, la fonctionnalité et les dimensions physiques. Le choix de la technologie de fabrication et les techniques de conception et de fabrication sont également considérées. Cette étape démarre donc par la création des dispositifs élémentaires et se fait à partir du schéma électrique du circuit dans la vue structurelle et de la description du placement physique relatif de tous les modules dans la vue physique.

2.2. Placement

Chaque élément (transistor, résistance, condensateur) a son placement physique. Le but du placement est de trouver la surface de rangement minimale et une description de leur placement relatif contenue dans la vue physique. Cette étape est donc initiée par la génération des masques des dispositifs élémentaires et correspond à un parcours ascendant de la hiérarchie.

2.3. Routage

Chaque module prend en charge le routage physique selon la net-list du circuit. Ce routage est effectué manuellement. L'étape de routage c'est l'étape la plus difficile. Dans celle-ci, les connexions sont accomplies entre les blocs du circuit en négligeant les détails géométriques exacts de chaque fil et de chaque pin. Un clignotement indique la route lâchée d'un fil à travers les différentes régions dans l'espace de routage. L'étape de routage assure les connexions, point à point, entre les pins et les blocs.

3. Les considérations de dessin des masques

Dans les étapes de dessin du masque, il faut garantir un maximum d'appariement des composants afin de garantir les performances des circuits. Quelques règles doivent être respectées pour un appariement optimal à savoir [1]:

- La même structure

- La même température

110

- Les mêmes dimensions

- Les distances minimales

- La même orientation

- Le même voisinage

- Une structure centroïde commune

3.1. Appariement

L'une des principales caractéristiques de la conception de circuits analogiques est l'appariement (matching) entre les composants. Certaines structures extrêmement répandues comme la paire différentielle ou le miroir de courant se basent sur la précision du rapport entre les dimensions des transistors qui les composent. De même, le fonctionnement d'un intégrateur à capacités commutées dépendra fortement du rapport qui lie les capacités impliquées. D'autres circuits peuvent également s'appuyer sur un rapport résistif précis. C'est le cas des convertisseurs analogique-numérique basés sur une échelle de résistances.

3.1.1. Deux classes d'erreurs d'appariement

Lors de la fabrication, plusieurs phénomènes nuisent à la qualité de l'appariement entre les composants. Nous pouvons définir l'erreur relative d'appariement par [1]:

$$\delta = \frac{R_m - R_V}{R_V} \qquad (4.1)$$

Où R_m est le rapport mesuré après la fabrication et R_V est le rapport initialement visé. Ce rapport peut concerner les tensions de seuil des deux transistors, les valeurs des deux capacités ou des deux résistances. Pour quantifier l'erreur maximale d'appariement, il faut effectuer les mesures sur un échantillon suffisamment représentatif des circuits [1]. Si l'on effectue des mesures sur un échantillon de N unités, nous observons les erreurs δ_1, δ_2,..., δ_N. Nous pouvons alors déterminer la moyenne m_δ :

$$m_\delta = \frac{1}{N} \sum_{I=1}^{N} \delta_I \qquad (4.2)$$

Nous distinguons alors deux types des erreurs d'appariement :

- L'erreur systématique : Elle est mesurée par la grandeur m_δ et provient de phénomènes qui affectent toutes les unités de la même façon. Nous trouverons notamment dans cette catégorie les erreurs d'appariement dues à l'excès de gravure.

- L'erreur aléatoire : Elle est principalement due à des variations statistiques sur des conditions de fabrication ou sur des propriétés des matériaux. Bien qu'il soit difficile de s'affranchir de ces variations lors de la fabrication, il est possible d'en minimiser l'impact sur l'appariement.

3.2. Orientation du courant

L'intensité du courant dans un transistor dépend de sa direction. En conséquence, les courants qui traversent des transistors appariés doivent être orientés dans la même direction pour optimiser l'appariement. Nous avons alors deux possibilités [1]:
- Faire en sorte que toutes les pattes de tous les transistors soient traversées par des courants allant dans la même direction
- Donner à tous les transistors un nombre de repliement pair puis faire en sorte que pour chaque transistor, la moitié des doigts soit traversée par des courants allant dans une direction, et l'autre moitié soit traversée par des courants allant dans la direction opposée

3.3. Structure centroïde commune

3.3.1. L'approche à une dimension

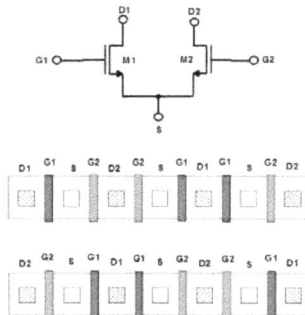

Figure 4. 2. *La configuration des transistors d'entrée.*

Si nous avons utilisé deux grands transistors (par exemple la paire de transistor d'entrée), des gradients le long des deux axes de dimensions peuvent engendrer les disparités à vérifier. Pour réduire ces disparités, la structure dans la figure 4.2 peut être employée [2].

3.3.2. Structure centroïde commune à deux dimensions

Puisque les transistors d'entrées, qui doivent être appariés, sont physiquement proches, nous utilisons alors une structure centroïde commune bidimensionnelle (figure 4.3). Naturellement, un gradient peut se produire dans n'importe quelle direction. Ce gradient peut alors être divisé dans un gradient-X et un gradient-Y. ainsi, nous devons utiliser une structure à deux dimensions appropriées pour éviter les effets des deux types de gradient [3].

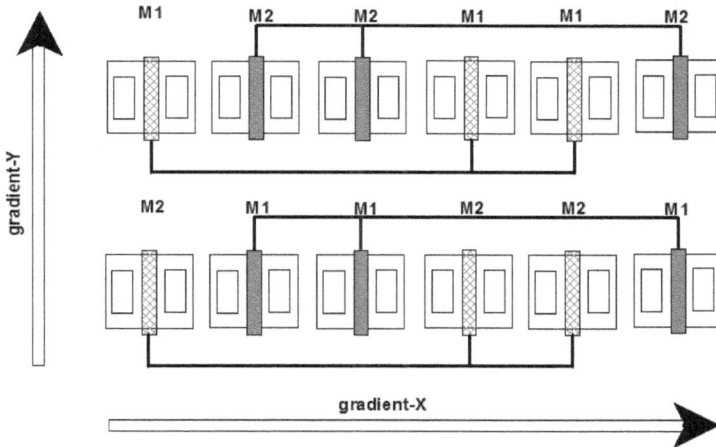

Figure 4. 3. *Structure centroïde commune.*

3.4. La limitation de l'effet de la grille

Pendant l'implantation du drain et de la source, la grille en poly-silicium va faire de l'ombre sur le drain ou la source du transistor parce que l'implanteur est incliné d'environ sept degrés. En conséquence, la source et le drain ne reçoivent pas la même implantation. L'étape de processus est représentée dans la figure 4.4 [1]:

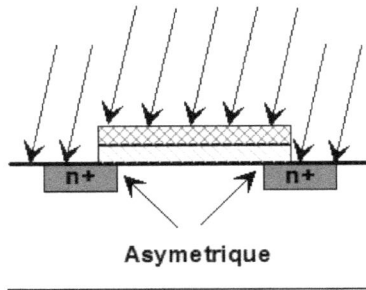

Asymetrique

Figure 4. 4. *Effet de la structure de la grille.*

La topologie utilisée dans la figure 4.5-a permet de minimiser l'effet d'ombrage de la grille. Dans la figure 4.5-b, les transistors ne sont pas identiques parce que les drains des transistors ne sont pas dans la même condition physique puisque le drain se trouve à coté de la source.

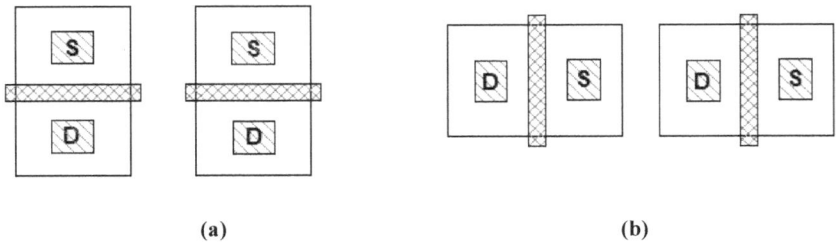

(a)   (b)

Figure 4. 5. *Minimisation de l'effet de la structure de la grille.*

3.5. Structure « dummy »

Une technique très utile pour améliorer l'appariement entre deux éléments ou plus consiste à utiliser des éléments factices. L'addition des éléments pour créer le même environnement et pour assortir le composant peut également diminuer la disparité comme montrée sur la figure 4.6 [4] :

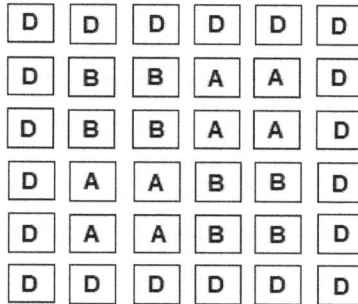

Figure 4. 6. *La structure « dummy ».*

3.6. Effet « Antenna »

Le transistor MOS est plus fragile que le JFET car une simple charge statique sur la grille risque de percer la faible épaisseur d'oxyde et détruire le composant. Dans la pratique, nous montons souvent une diode de protection polarisée en inverse entre la grille et la source comme montrée sur la figure 4.7 [5] :

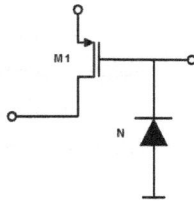

Figure 4. 7. *Diode de l'effet « Antenna ».*

4. Principaux phénomènes parasites rencontrés dans un circuit intégré analogique

4.1. Capacités parasites

Les capacités parasites existent à divers niveaux du dessin des masques. Il existe des capacités parasites internes aux cellules élémentaires. Par exemple, si nous observons le dessin des masques des transistors, nous constatons que certaines pistes de métal, appartenant au drain ou à la source, croisent les pistes de poly-silicium de grille. Ces deux couches technologiques, qui sont l'une en métal et l'autre en poly-silicium, sont séparées par un oxyde. Par conséquent, elles introduisent de faibles capacités parasites entre les nœuds du drain ou de la source, et le nœud de la grille.

De même, pour une technologie à deux ou plusieurs niveaux de métallisation, le croisement de deux pistes métalliques, elles aussi séparées par un oxyde, entraîne un couplage capacitif des nœuds impliqués.

Enfin, il existe des capacités parasites situées entre les pistes de routage (en métal ou en poly-silicium) et le substrat (exemple: la capacité dite de grille pour le transistor MOS).

4.2. Résistances parasites

Il existe des résistances parasites internes aux composants eux-mêmes. Ce sont les résistances d'accès à la grille, au drain ou à la source. De plus, si les pistes sont longues, le métal et le poly-silicium ont une résistivité non négligeable. Par conséquent, il s'ajoute des résistances parasites dont il faut tenir compte dans le schéma électrique final.

4.3. Composants parasites actifs

Les transistors bipolaires parasites se trouvent dans tout transistor MOS intégré. Ils sont à l'origine des phénomènes très connu par les micro-électroniciens sous le nom de "latch-up". Dans un dessin des masques de circuit intégré analogique complet, ces éléments parasites actifs se connectent entre eux par l'intermédiaire des éléments parasites passifs présentés précédemment, en particulier par le substrat. Au cours du dessin des masques d'un circuit, il apparait des réseaux parasites. Ces réseaux parasites, sous certaines conditions de polarisation, se mettent en conduction et perturbent fortement le fonctionnement du circuit [6][7].

5. Prototypes de validation de la chaine chopper

Le chapitre précédent décrit l'architecture de notre Chopper qui intègre, dans la même puce, un modulateur/démodulateur, un amplificateur, un filtre passe-bas, un oscillateur en anneau et une référence de tension. Ce chapitre présente les résultats expérimentaux et les mesures que nous avons réalisées sur nos circuits. Nous attachons une grande importance à la réalisation matérielle des concepts que nous développons. Nous avons envoyé notre circuit pour la fabrication au CMP (Circuits-Multi-Projets) à Grenoble.

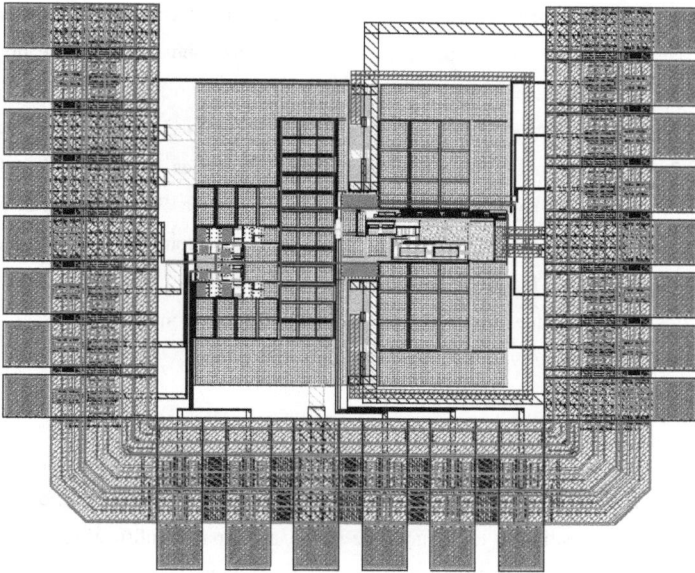

(a)

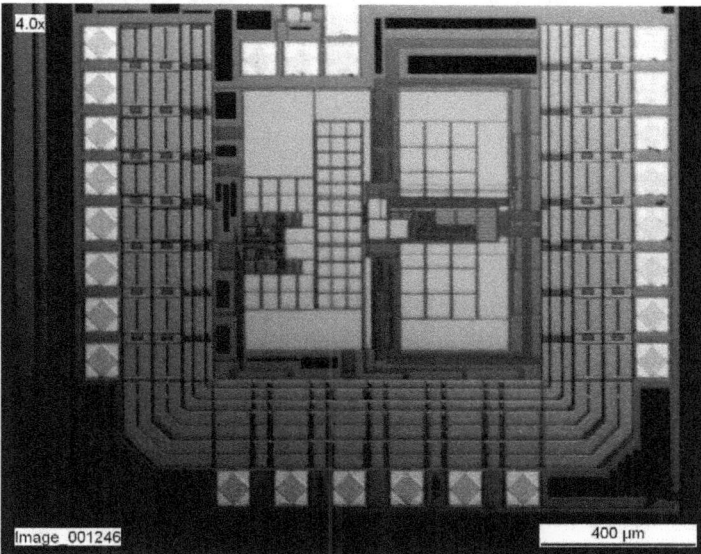

(b)

Figure 4. 8. *(a) Photo du dessin des masques et (b) Photo de l'ASIC.*

L'objectif de ce chapitre est double : présenter les solutions de conception que nous avons mises en œuvre et valider expérimentalement les concepts fondamentaux que nous avons développés durant cette thèse.

Réalisé en technologie AMS CMOS 0,35µm [8], l'ASIC de la chaine chopper a une taille finale de 3.233mm² intégrant les plots d'alimentations et de sorties 50Ω (figure 4.8). En fin de conception, c'est-à-dire avant la réalisation du circuit, le schéma électrique extrait du dessin des masques final, a été une dernière fois simulé en tenant compte des valeurs minimales et maximales données par le fondeur pour tous les composants et les interconnexions distribuées parasites. Les caractéristiques électriques de la chaine Chopper ont été optimisées ainsi que l'encombrement de la puce [9].

6. Tests et analyse des résultats

Les tests du circuit de la chaine Chopper doivent permettre prioritairement de prouver la validité et la fonctionnalité de la méthode de stabilisation par amplification Chopper et de l'élimination de bruit en 1/f et de la tension d'offset. Nous devons en outre prouver que les performances de ce circuit intégré sont comparables à celles de sa simulation sur Cadence® Virtuoso®.

Par ailleurs, nous chercherons à démontrer la fonctionnalité de chacune des grandes fonctions du circuit: modulateur, Band-gap, oscillateur en anneau, filtre passe bande et filtre passe bas.

6.1. Banc de test

6.1.1. Carte électronique

La réalisation d'une carte de test, spécialement dédiée pour notre ASIC, est nécessaire pour le test de la chaine Chopper, afin de prouver sa fonction. Nous avons ensuite dû réaliser cette carte de test, au moyen du logiciel EAGLE®. Cette carte de test est présentée à la figure 4.9. Le circuit est monté sur la carte. Les mesures ont été réalisées au moyen d'un générateur de signaux analogiques HP 8350, d'une alimentation stabilisée et d'un oscilloscope.

6.1.2. Environnement de test

Pour l'exécution du test, nous avons utilisé plusieurs équipements des équipes micro-capteurs et Conception des Circuits Intégrés du laboratoire IM2NP.

(a)

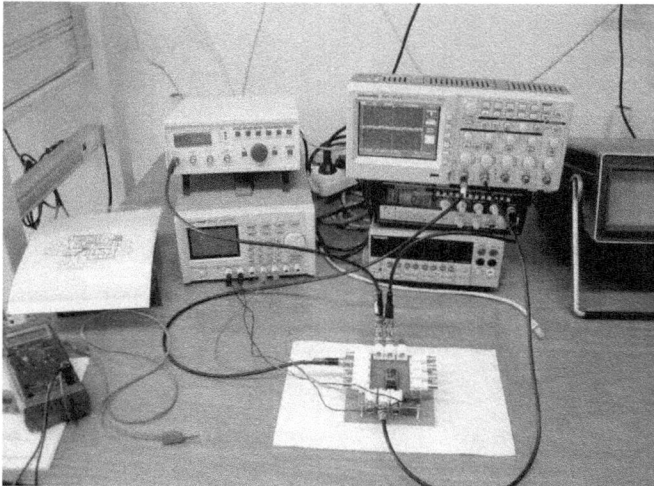

(b)

Figure 4. 9. *Photos de (a) la carte de test et du (b) banc de test complet.*

Tableau 4. 1. *Environnement de test*

Fonctionnalité	Instrument
Alimentation	Rhode & Schwartz BGPT35
Multimètre	Keithley 2700 Integra Series DMM
Oscilloscope	Tectronix TDS3054
Génération des signaux analogiques	Audio Precision System two cascade plus 2722 – Dual domain

6.2. Tests de la référence de tension « band-gap »

La topologie du circuit de la référence de tension conçu est présentée sur la figure 4.10.

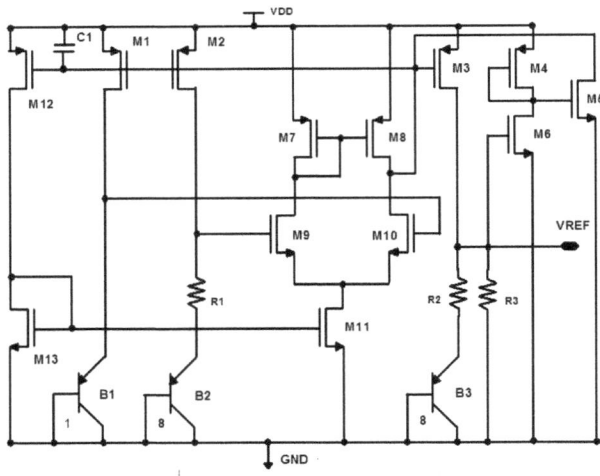

Figure 4. 10. *Circuit de la référence de tension.*

La figure 4.11 présente le signal de sortie du Band-gap. Nous pouvons constater que la sortie garde une forme constante. Remarquons que l'amplitude mesurée est 1V. Dans un second temps, nous faisons un test de l'effet de variation de la température sur la réponse du band-gap pour voir sa capacité de compensation en fonction de la température. La tension de référence du band-gap en fonction de la température est présentée sur la figure 4.12. Les

120

résultats des mesures montrent que la tension de sortie est compensée entre 0.989V et 1.021V et donne une stabilité en température inférieure à une gamme de précision de -1,1% à 2,1% sur une gamme de température de -25°C à 80°C [14].

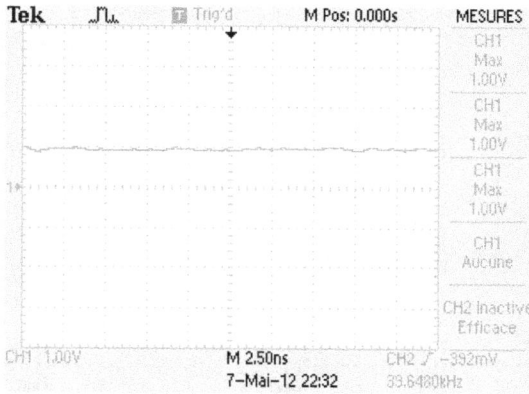

Figure 4. 11. *Signal de sortie du Band-gap.*

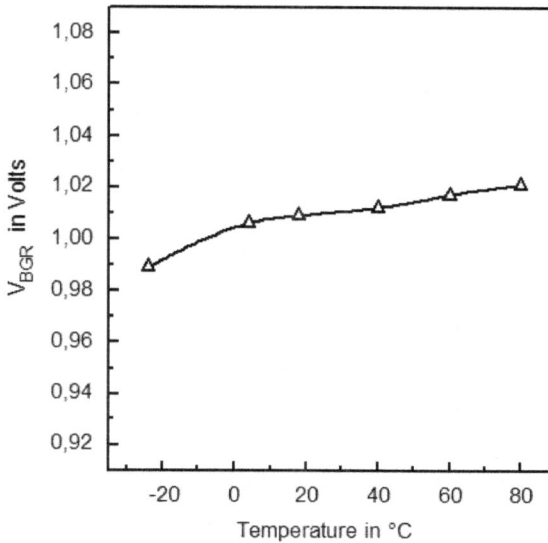

Figure 4. 12. *Variation de la tension de sortie du band-gap en fonction de la température.*

6.3. Tests de l'oscillateur en anneau

L'oscillateur de la figure 4.13 est construit à partir d'une mise en cascade de cinq inverseurs CMOS. La sortie du dernier inverseur est bouclée sur l'entrée du premier inverseur.

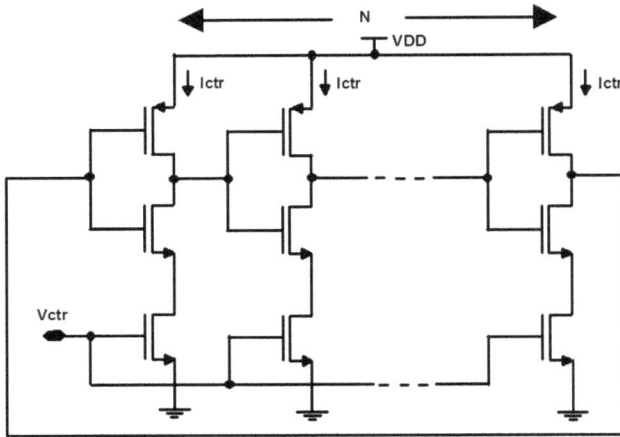

Figure 4. 13. *Circuit de l'oscillateur en anneau*

Les résultats issus des tests et des caractérisations du circuit de l'oscillateur à 200kHz en technologie AMS CMOS 0.35μm sont présentés et comparés en détail avec les données de simulation dans cette section. La première démarche a été de vérifier la consommation de puissance du circuit. Un bon niveau, 6μA a été mesuré puisque la consommation prévisionnelle était de 5μA sous ±1.25V. Ensuite, nous avons mesuré la réponse en fréquence de l'oscillateur à l'aide d'un oscilloscope.

La figure 4.14 présente le signal de sortie du VCO pour une tension de contrôle V_{ctr}. Nous pouvons constater que les signaux gardent une amplitude constante. Ceci confirme donc l'intérêt d'utiliser un buffer à la sortie du VCO qui, en plus d'augmenter l'amplitude, améliore et garde une forme stable au signal. Remarquons que l'amplitude crête à crête mesurée est 1 V. La figure 4.15 présente la variation de la fréquence de l'oscillateur en anneau en fonction de la température. La fréquence passe de 190kHz à 210kHz pour des températures allant de -20 à +80°C, ce qui fait une variation d'environ ±5%. Cela montre bien que la fréquence est bien compensée en fonction de variation de la température [15].

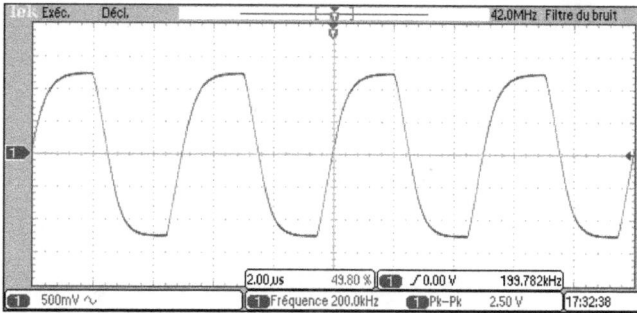

Figure 4. 14. *Signal de sortie de l'oscillateur en anneau.*

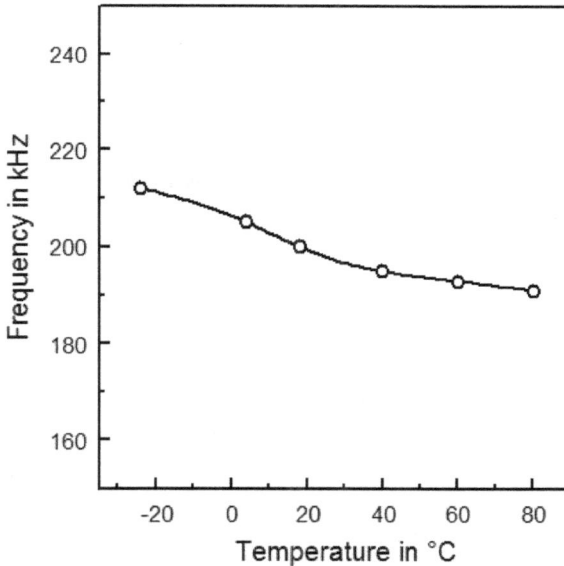

Figure 4. 15. *Variation de la fréquence de l'oscillateur en anneau en fonction de la température.*

Sur la figure 4.16 nous avons reporté la variation de la fréquence de l'oscillation en fonction de la tension de contrôle V_{BGR} qui varie entre 0.989V et 1.021V. Cette étude a mis en évidence une fréquence mesurée entre 191kHz et 212kHz alors que la simulation avait donné 200kHz. Un bon accord à ±5% est obtenu, pour ce paramètre, entre données mesurées et simulées.

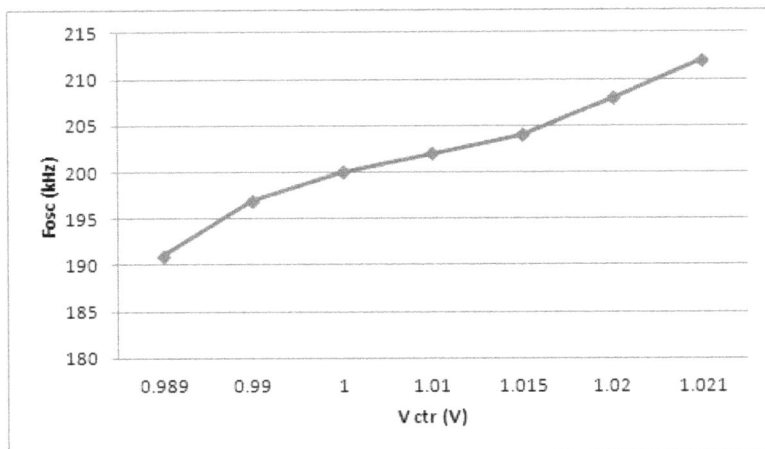

Figure 4. 16. *Réponse de l'oscillateur en anneau avec un VBGR compris entre 0.989V et 1.021V.*

Sur la figure 4.17 nous avons tracé la variation de la fréquence d'oscillateur en fonction de la tension d'alimentation, V_{alim}, de $\pm 1.5V$.

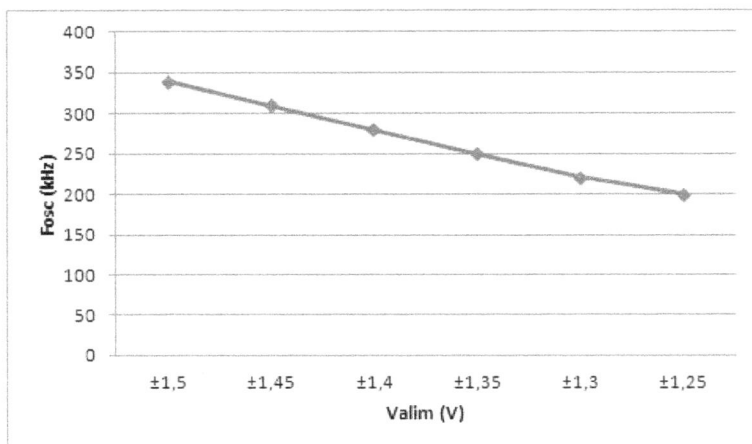

Figure 4. 17. *Variation de la fréquence d'oscillation en fonction de la tension d'alimentation.*

Pour résumer sur les principales caractéristiques, nous pouvons souligner que notre travail a permis d'obtenir des résultats en bon accord avec ceux attendus lors du travail de conception.

6.4. Test du mélangeur passif

Comme nous avons vue dans le chapitre précédent, Pour réduire l'offset dû à l'intégration de la charge du canal q_{injs} injectée dans la capacité de mémorisation C_h, nous avons placé des transistors "fantômes" de chaque côté de l'interrupteur en inversion de phase avec ce dernier comme l'illustre la figure 4.18.

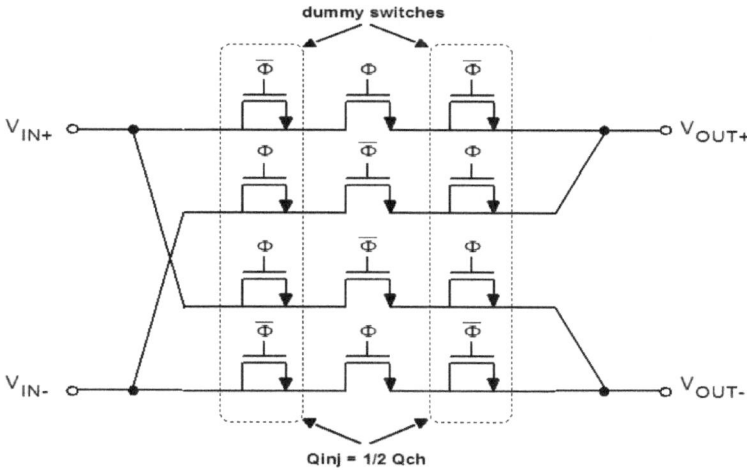

Figure 4. 18. *Architecture du Mélangeur passif*

La figure 4.19 présente le signal de sortie du modulateur. La fréquence de modulation mesurée est de 200 kHz.

Les pertes de conversion ont été mesurées pour différentes valeurs de puissance de l'oscillateur LO en faisant varier la tension de polarisation sur les grilles des transistors NMOS (figure 4.20). Nous observons de manière logique que plus la puissance de l'oscillateur LO est forte et moins il est nécessaire de polariser les grilles. En effet, la valeur minimum des pertes de conversion RF-IF (-7,5 dBm) est obtenue pour une puissance d'oscillateur LO de +10 dBm et une tension de polarisation nulle. Les tracés de la figure 4.21 confirment que l'optimum pour la puissance LO est de +10 dBm.

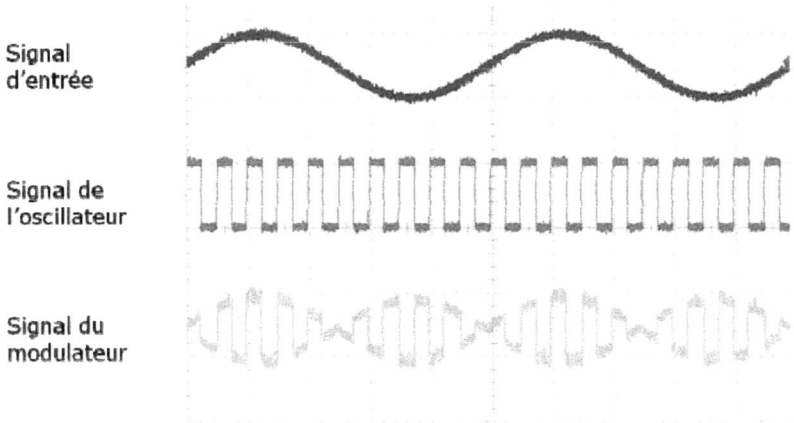

Figure 4. 19. *Signal de sortie du modulateur.*

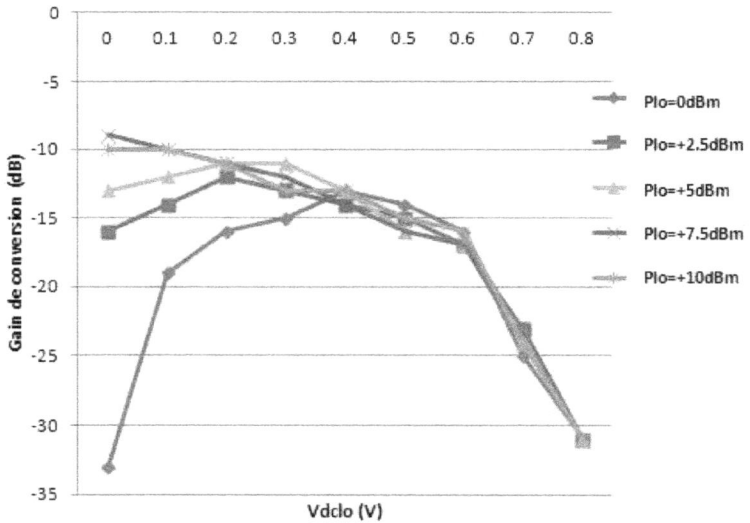

Figure 4. 20. *Pertes de conversion en fonction de la tension de polarisation pour différentes valeurs de puissance LO.*

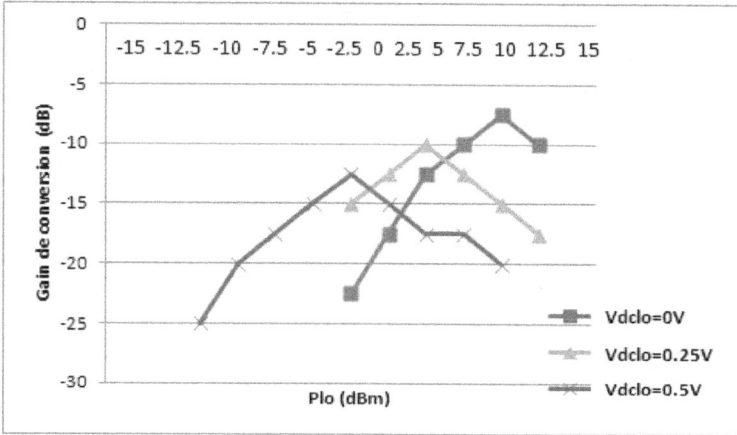

Figure 4. 21. *Pertes de conversion en fonction de la tension de polarisation pour différentes valeurs de puissance LO.*

Nous venons d'étudier la conception et la réalisation d'un mélangeur passif en technologie AMS CMOS 0,35μm. Le développement de grille retenu pour les quatre transistors NMOS est de 10μm / 1μm (W/L). Les résultats précédents ont été obtenus avec une impédance de référence de 50 Ohms sur chaque port, impédance présentée par l'analyseur de spectre sur le port IF et les générateurs de puissance sur les ports RF et LO.

6.5. Test de l'amplificateur

Ce premier run (fabrication du circuit) de la chaine Chopper a révélé des défauts technologiques au niveau de l'amplificateur. Si le circuit fonctionnait correctement sans sa couronne de plots d'entrées/sorties, il se peut que ce ne soit plus le cas lorsque cette dernière sera rajoutée. Il s'agit là d'une erreur de post-layout, mais considérant son fonctionnement comme acquis, le circuit n'a pas été simulé avec ses plots d'entrées/sorties.

L'ajout des plots d'entrées/sorties lors de la finalisation du circuit d'amplification a, par les diodes de protection contre les décharges électrostatiques, rajouté une capacité sur la rétroaction de la structure de régulation. Cette capacité crée une instabilité provoquant le phénomène oscillatoire.

Les erreurs d'antenne peuvent être à l'origine de dysfonctionnement de l'amplificateur. Elles ont des conséquences irrémédiables lors de la phase de dopage, qui a été réalisée par implantation ionique. Durant cette phase, le potentiel de grille peut augmenter de telle sorte que le champ dans la couche d'oxyde dépasse le champ disruptif. Cela aura pour effet la destruction irrémédiable du transistor lors de la fabrication. Ces erreurs peuvent être corrigées a l'aide de ponts (passage d'une couche de métal à une autre de niveau différent, ex: métal1-via1-métal2) et de diffusion N^+. En particulier, des ponts sont systématiquement placés aux plus près de chacune des grilles des transistors. Les diffusions N^+ servent à réaliser des diodes, dont l'anode est connectée au substrat et la cathode au métal considéré. Le courant de fuite de la diode permet d'éviter l'accumulation de charges lors de la phase d'implantation ionique dans le procédé de fabrication.

Des effets d'antennes (différents des erreurs d'antenne) peuvent aussi être à l'origine de certains dysfonctionnements du circuit de l'amplificateur. Si une grande surface de métal, dans un circuit intégré, est connectée à une grille de transistor CMOS, ce qui est souvent le cas dans la structure de notre amplificateur, alors toutes les sources de bruit (thermique, 1/f, grenaille, etc.) vont pouvoir rayonner au travers de cette section. Pour peu que le plan de masse ne soit pas suffisant pour découpler convenablement le circuit, ces effets d'antenne vont dégrader les performances du circuit.

7. Conclusion

Nous avons présenté dans ce chapitre l'ensemble des étapes de la réalisation d'un circuit intégré spécifique pour un capteur de gaz. Nous avons présenté aussi une liste exhaustive des principaux phénomènes parasites et leur traduction en termes de contraintes. La liste de ces contraintes n'est pas exhaustive car selon le circuit intégré à concevoir, d'autres effets très particuliers peuvent être rencontrés.

Le circuit réalisé nous a permis de valider quelques études théoriques menées tout au long de ce travail de thèse, notamment sur le bruit, l'amplification et la consommation. Pour la référence de tension, les résultats des mesures montrent que la tension de sortie est compensée entre 0.989V et 1.021V et donne une stabilité en température inférieure à une gamme de précision de -1,1% à 2,1% sur une gamme de température de -25°C à 80°C. Pour l'oscillateur en anneau, la fréquence passe de 190kHz à 210kHz pour des températures allant de -20 à +80°C, ce qui fait une variation d'environ ±5%. Cela montre bien que la fréquence est bien compensée en fonction de variation de la température. Pour le mélangeur passif, la valeur minimum des pertes de conversion RF-IF (-7,5 dBm) est obtenue pour une puissance d'oscillateur LO de +10 dBm et une tension de polarisation nulle.

Pour le capteur de gaz, les résultats mettent en évidence un certain nombre d'améliorations à apporter pour la conception d'un prochain circuit :

- Un étage d'adaptation entre le capteur de gaz et la chaine Chopper.

- Simulation post-layout de la chaine Chopper avec ses plots d'entrées/sorties sous Cadence.

- Augmentation du courant de polarisation de l'amplificateur pour que le circuit puisse fonctionner correctement avec la technologie AMS CMOS 0.35µm.

- Changer de technologie et travailler avec une technologie plus pertinente tel que la technologie CMOS 130nm ou CMOS 65nm qui sont accessibles à l'IM2NP.

Bibliographie

[1] Bourguet Vincent,"*Conception d'une Bibliothèque de Composants Analogiques pour la Synthèse Orientée Layout*", Thèse de doctorat de l'Université Paris VI, Novembre 2007.

[2] Bastos J., Steyaert M., Graindourze B., and Sansen W.,"*Matching of MOS Transistors with Different Layout Styles*", In Proc. IEEE Int. Conf. on Mecroelectronic Test Structures, pages 17.18, March 1996.

[3] Behzad Razavi,"*Design of Analog CMOS Integrated Circuits*", McGraw-Hill, 2001.

[4] Fanco Maloberti,"*Analog Design for CMOS VLSI Systems*", Kluwer Academic Publishers, first edition, 2001.

[5] Alan Hastings,"*The Art of Analog Layout*", Prentice Hall, 2001.

[6] Marcel J.M. Pelgrom, Duinmaijer Aad C.J., and Welbers. P.G. Anton.,"*Transistor Matching in Analog CMOS Applications*", Proc. IEEE Int. Electron Devices Meeting, pages 915.918, December 1998.

[7] Marcel J.M. Pelgrom, Duinmaijer Aas. C.J., and Anton Welbers P.G.,"*Matching Properties of MOS Transistors*", IEEE J. of Solid-State Circuits, pages 1433.1440, October 1989.

[8] AMS, Austria Mikro Systeme International,"*0.35µm CMOS process*", Schloβ Premstätten, A-8141 Unterpremstätten, Austria.

[9] Nebhen J., Meillere S., Seguin J-L., Aguir K., Masmoudi M., Barthelemy H.,"*Low Noise Micro-Power Chopper Amplifier for MEMS Gas Sensor*", International Journal of Microelectronics and Computer Science, IJMCS, Vol. 2, No. 4, pp. 146-155, 2011.

[10] Nebhen J., Meillere S., Seguin J-L., Aguir K., Masmoudi M., Barthelemy H.,"*A 250 µW 0.194 nV/rtHz Chopper-Stabilized Instrumentation Amplifier for MEMS Gas Sensor*", 7th IEEE International conference on Design & Technology of Integrated Systems in nanoscale era, DTIS, Gammarth, Tunisia, 16 -18 May, 2012.

[11] Nebhen J., Meillère S., Seguin J-L., Aguir K., Masmoudi M., Barthelemy H.,"*A Temperature Compensated CMOS Ring Oscillator For Wireless Sensing Applications*", 10th IEEE International NEWCAS Conference, NEWCAS, Montréal, Canada, 17- 20 June, 2012.

Conclusion générale

L'intérêt envers les circuits analogiques à faible dissipation de puissance et à faible tension d'alimentation monte de façon très significative, cela est dû à l'augmentation du nombre d'équipements portables dans les différents marchés tels que les télécommunications, les ordinateurs, les capteurs intelligents et les simulateurs implantables dans le corps humain, et de façon générale les appareils sans fil.

L'objectif de ce travail de thèse était de concevoir un amplificateur faible bruit et faible tension d'alimentation en technologie AMS CMOS 0.35µm opérant à une tension d'alimentation de ±1.5V. Cet amplificateur se base sur la technique de stabilisation Chopper, qui est une technique utilisée pour réduire le bruit en 1/f et la tension de décalage, avec une application dédiée aux capteurs de gaz.

Le premier chapitre de ce manuscrit de thèse a présenté l'état de l'art sur les capteurs de gaz à haute impédance. Nous avons exposé les généralités sur les capteurs de gaz à base d'oxydes semi-conducteurs. Nous avons présenté les principales caractéristiques d'un capteur de gaz. Ensuite, nous avons présentées les interfaces intégrées de capteurs. En fin, nous avons présenté les différentes sources de bruit dans le capteur de gaz ainsi que dans l'électronique associé. Nous terminons ce chapitre par la présentation de la problématique générale de notre travail.

Dans le deuxième chapitre, nous avons commencé par présenter quelques techniques de réduction du bruit tel que le bruit en 1/f et la tension de décalage à savoir les techniques Chopper et Autozéro. La technique de stabilisation Chopper est présentée comme architecture d'amplification possible pour notre capteur de gaz résistif. Ensuite, un état de l'art sur les différentes architectures de la technique chopper est présenté. Nous avons présenté les différents blocs de l'amplificateur Chopper. Enfin, nous avons décrit l'architecture du circuit retenue.

Dans le troisième chapitre, et à travers l'exemple du capteur de gaz WO_3, nous avons présenté des solutions électroniques pour des interfaces de capteurs résistifs. Dans un premier temps, nous avons introduit un modèle comportementale de la chaine Chopper qui est construite sous le logiciel SIMULINK®, boîte à outils de l'environnement MATLAB®. Le modèle proposé peut être utilisé pour simuler le comportement pratique de la technique de stabilisation Chopper.

Dans un second temps, nous avons abordé la réalisation des blocs électroniques prévus par l'architecture. Des simulations sous le logiciel *Cadence® Virtuoso®* ont permis de valider chaque bloc. Enfin, nous avons présenté les résultats de simulation de toute la chaine d'amplification Chopper sous l'environnement *Cadence® Virtuoso®*.

Nous avons présenté une nouvelle structure d'une paire différentielle CMOS, adaptée aux basses tensions d'alimentation et aux faibles consommations ainsi qu'un gain nettement supérieur à celui d'une paire différentielle classique. Cette structure est basée sur la nouvelle technique des transistors composites. Elle est l'objet d'un brevet qui est en cours de traitement et d'expertise.

Finalement, le dernier chapitre de ce travail de thèse a présenté la phase de dessin des masques du circuit de la chaine Chopper. Nous avons commencé par la présentation des étapes nécessaires de génération du circuit, puis nous avons fait une brève discussion sur les considérations de dessin des masques, tels que l'appariement des composants, la fiabilité des règles de conception, les parasites et les méthodes utilisées pour les prévenir. Suivant ces techniques, nous avons conçu le dessin des masques de la chaine chopper qui a été implémenté dans la technologie AMS CMOS 0.35µm. Nous avons présenté l'ensemble des tests et des caractérisations effectués pour valider le bon fonctionnement du circuit et qualifier ses performances. Les défauts sont détaillés et des propositions de correction pour y remédier sont apportées.

Nous avons constaté en particulier un dysfonctionnement de l'amplificateur opérationnel à transconductance, problème induit par des sources de courant de polarisation très faibles. Les premiers résultats de cette étude montrent que le reste de la chaine Chopper fonctionne bien. Ceci nous encourage à développer un deuxième circuit d'amplificateur Chopper.

En perspectives, nous envisageons d'améliorer les performances de notre amplificateur Chopper, en particulier son immunité au bruit. Nous souhaitons aussi intégrer la partie électronique et le capteur de gaz sur une même puce ou sous forme hybride dans le même boitier, dans le but d'améliorer encore les caractéristiques du système. Ces perspectives permettront de réaliser des systèmes de détection des gaz faible cout, qui trouveront des applications nomades via des appareils mobiles par exemple.

Liste de publications

• Revues internationales a comite de lecture :

[1] **Nebhen. J**, Meillere. S, Seguin. J-L, Aguir. K, Masmoudi. M, Barthelemy. H : "A Temperature Compensated CMOS Ring Oscillator For Wireless Sensing Applications", Journal of Electrical and Electronics Engineering, JEEE, Vol.2, Issue 1, pp. 1-10, Sep 2012. (ISSN 2250-2424)

[2] **Nebhen. J**, Meillere. S, Seguin. J-L, Aguir. K, Masmoudi. M: "Low Noise CMOS Chopper Amplifier for MEMS Gas Sensor", Lecture Notes in Computer Sciences, Springer 2011, volume 6752/2011, pp. 366-373, 2011.

[3] **Nebhen. J**, Meillere. S, Seguin. J-L, Aguir. K, Masmoudi. M, Barthelemy. H: "Low Noise Micro-Power Chopper Amplifier for MEMS Gas Sensor", International Journal of Microelectronics and Computer Science, IJMCS, Vol. 2, No. 4, pp. 146-155, 2011.

• Brevet :

[1] **Nebhen. J**, Meillere. S, Seguin. J-L, Aguir. K, Masmoudi. M : "Nouvelle technique pour minimiser la consommation et augmenter le gain d'une paire différentielle MOS", Brevet en cours d'expertise.

• Conférences internationales a comite de lecture :

[1] E. Savary, **J. Nebhen**, W. Rahajandraibe, C. Dufaza, S. Meillère, E. Kussener, H. Barthélemy: "Readout Electronic for Digital Output Resistive NEMS Audio Sensor", 8th IEEE International conference on Design & Technology of Integrated Systems in nanoscale era, DTIS, March, 26-28, Abu Dhabi UAE, 2013. (déposé)

[2] **Nebhen. J**, Meillere. S, Seguin. J-L, Aguir. K, Masmoudi. M : "Low Noise CMOS Chopper Amplifier for MEMS Gas Sensor", IEEE International Conference on Autonomous and Intelligent Systems AIS, Burnaby, BC, Canada, 2011. (ISBN 978-3-642-21538-4)

[3] **Nebhen. J**, Meillere. S, Seguin. J-L, Aguir. K, Masmoudi. M, Barthelemy. H : "Low Noise Micro-Power Chopper Amplifier for MEMS Gas Sensor", 18th IEEE International Conference Mixed Design of Integrated Circuits and Systems, Poland, 16 -18 June, 2011. (ISBN: 978-1-4577-0304-1)

[4] **Nebhen. J**, Meillere. S, Seguin. J-L, Aguir. K, Masmoudi. M, Barthelemy. H : "A temperature Compensated CMOS Ring Oscillator For Chopper Amplifier MEMS Gas Sensor", 8th Conference on Ph.D. Research in Microelectronics & Electronics, PRIME, Aachen, Germany, 12 -15 June, 2012. (ISBN : 978-3-8007-3442-9)

[5] **Nebhen. J**, Meillere. S, Seguin. J-L, Aguir. K, Masmoudi. M, Barthelemy. H : "A Temperature Compensated CMOS Ring Oscillator For Wireless Sensing Applications", 10th IEEE International NEWCAS Conference, NEWCAS, Montréal, Canada, 17- 20 June, 2012. (ISBN: 978-1-4673-0857-1)

[6] **Nebhen. J**, Meillere. S, Seguin. J-L, Aguir. K, Masmoudi. M, Barthelemy. H : "A 250 μW 0.194 nV/rtHz Chopper-Stabilized Instrumentation Amplifier for MEMS Gas Sensor", 7th IEEE International conference on Design & Technology of Integrated Systems in nanoscale era, DTIS, Gammarth, Tunisia, 16 -18 May, 2012. **(BEST PAPER AWARD)** (ISBN: 978-1-4673-1926-3)

Conception d'un amplificateur faible bruit adapté aux microsystèmes capteur de gaz

Jamel NEBHEN

Résumé : Cette thèse traite de la modélisation, de la réalisation et de la caractérisation expérimentale des amplificateurs de mesure hautement sensibles, entièrement intégrés en technologie AMS CMOS 0.35μm et utilisant la technique d'amplification Chopper. Cet amplificateur représente un élément primordial dans le circuit de l'interface, connecté a un micro-capteur de gaz, compatible avec la technologie CMOS, et où des signaux très faibles et lentement variables doivent être amplifiés dans une largeur de bande maximale de 40kHz. Les deux plus grandes difficultés rencontrées par une chaine d'acquisition de signaux de capteur très faibles sont le bruit en 1/f à basse fréquence et la tension d'offset. Afin d'atteindre le niveau au-dessous d'un microvolt pour les deux, il est possible d'utiliser la technique de stabilisation Chopper, particulièrement appropriée pour répondre à ces exigences strictes. Une analyse complète de ce circuit est effectuée. La réalisation d'un amplificateur Chopper avec une technologie AMS CMOS 0.35μm est décrite et les résultats de mesures sont présentés.

Mots clés: MEMS, capteur de gaz, amplificateur Chopper, CMOS, bruit, modulateur, filtre, oscillateur, référence de tension, OTA, intégration basse fréquence.

Abstract: This dissertation describes the modeling, implementation and experimental characterization of highly sensitive monolithic integrated CMOS instrumentation amplifiers employing the Chopper amplification technique. This amplifier is a crucial element in the interface circuitry to CMOS compatible gas sensors, where very weak dc signal levels in the sub-microvolt range must be amplified in a maximum bandwidth of 40kHz. One of the main challenges in weak sensor signal data acquisition systems are low-frequency 1/f-noise and dc-offset, To achieve the sub-microvolt level both for offset and noise, the Chopper modulation technique has been found a prime candidate to meet these stringent requirements. A comprehensive analysis of this circuit structure is given. The circuit implementation of Chopper modulated amplifier in an AMS CMOS0.35μm technology is described and measurement results are presented.

Key-words: MEMS, gas sensor, Chopper amplifier, CMOS, noise, modulator, filter, oscillator, band-gap, OTA, low frequency integration.

www.ingramcontent.com/pod-product-compliance
Lightning Source LLC
Chambersburg PA
CBHW021931220326
41598CB00061BA/1275